山阴地区地下含水层中砷的原位修复技术与应用

邓天天 著

黄河水利出版社

·郑州·

内 容 提 要

原生高砷地下水的存在是当今社会面临的最为严重的地质环境问题之一,也是环境科学界研究的热点。以往地下水中砷的去除都集中使用异位抽出处理的方法,但该技术自身存在操作复杂、运行难度大和维护费用昂贵等问题,因而并不能得到推广,受高砷水威胁的人群依然众多。和异位修复法相比,原位修复技术不但费用相对节省,而且能最大程度地减少污染物的暴露和对土壤环境的扰动,是一种极有发展前景的地下水修复技术,也逐渐成为高砷地下水处理的方向之一。本书以浅层地下水中砷含量较高的大同盆地山阴地区作为研究对象,在对区域水文地球化学调查研究的基础上,对不同形态的砷在四种典型沉积物表面的吸附行为和影响因素做了相关分析,介绍了研究区内高砷地下水的形成机制,迁移与富集规律及直接注入 Fe(Ⅲ) 和 $O_2 - Fe(Ⅱ)$ 协同作用两种模式对含水层中砷的原位修复技术与实际应用。

本书为研究地下水中砷的原位修复技术相关科研人员提供了基础性理论数据参考和借鉴。

图书在版编目(CIP)数据

山阴地区地下含水层中砷的原位修复技术与应用/邓天天著. —郑州:黄河水利出版社,2018.6
ISBN 978 - 7 - 5509 - 2061 - 3

Ⅰ.①山… Ⅱ.①邓… Ⅲ.①砷 - 地下水污染 - 污染防治 - 研究 - 山阴县 Ⅳ.①X523

中国版本图书馆 CIP 数据核字(2018)第 142126 号

策划编辑:谌莉 电话:0371-66025355 E-mail:113792756@qq.com

出 版 社:黄河水利出版社
地址:河南省郑州市顺河路黄委会综合楼 14 层 邮政编码:450003
发行单位:黄河水利出版社
发行部电话:0371 - 66026940、66020550、66028024、66022620(传真)
E-mail:hhslcbs@126.com
承印单位:河南瑞之光印刷股份有限公司
开本:787 mm ×1 092 mm 1/16
印张:8.75
字数:213 千字 印数:1—1 000
版次:2018 年 6 月第 1 版 印次:2018 年 6 月第 1 次印刷

定价:32.00 元

前　言

　　地带性砷中毒主要指的是特定地区的居民由于自然地质原因而摄入过量的砷化物所引起的地方病,主要特征表现为空间分布上的群集性和时间延续上的累积性。美国环境总署及疾病控制中心(CDC)将砷列为环境 A 类致癌物质,但砷的含量标准却因实际原因而存在一定的地域性的差异,世界卫生组织及美国环境保护协会都将饮用水中砷物质含量标准定为 10 μg/L,若按此标准计算,我国饮用地下水超过该标准的人口预计达数千万。

　　自 20 世纪 80 年代国外开展地下水污染治理至今,地下水污染修复技术在大量的实践应用中得以不断改进和创新。较典型的地下水污染修复技术主要有异位修复(Ex-situ)、原位修复(In-situ)和监测自然衰减修复(Monitored Natural Attenuation)等技术。近年来,地下水污染原位修复技术因其经济费用相对低廉、环境扰动小等优点而逐渐成为一种具有发展前景的有效的地下水修复技术,但这种技术应用对于高砷地下水的修复则相对较少。由于地下水系统本身的复杂性,其相关大量研究也仅停留在理想的实验室模式之上。向浅层地下含水层注入铁盐,有助于增加地下介质中铁的氧化物(注入氧气使地下介质中二价铁离子转化为三价铁,同样具有增加铁的氧化物的作用),对于铁质含量较少的含水层将得到修复,使砷固定性增加。因此,若能增强地下水氧化环境,改变砷的存在形式,增加地下介质铁的氧化物含量,就可以从根本上修复高砷地下含水层,使砷固定于地下介质中不能随水发生迁移。本书主要以大同盆地山阴地区作为研究区域,在对前人研究结果总结借鉴的基础上,通过对该地区开展相关的水文地质调查,结合研究区高砷地下水和沉积物的特征,介绍含水层内各化学组分的空间分布规律及相关地球化学过程;从区域地质构造等方面阐述该研究区高砷地下水的成因和来源。通过对比分析直接注入 Fe(Ⅲ) 和 O₂ – Fe(Ⅱ) 协同作用两种模式下铁盐对地下水氧化还原环境的改善、地下含水层介质表面铁氧化物含量的增加与砷价态及含量的变化,阐明了铁盐对含水层中砷的稳定化技术效果,为今后大规模原位固砷技术的相关科研人员提供了一定的基础关键性参数及应用指导。

　　本书共分为 7 章。第 1 章介绍高砷地下水处理技术的研究基础,第 2 章介绍山阴地区水文地质概况,第 3 章介绍山阴地区沉积物对地下水中砷的吸附特性,第 4 章介绍铁元素在含水层中的迁移转化规律,第 5 章介绍不同形态铁对砷的固定化效果及影响因素,第 6 章介绍含水层中砷的稳定化环境研究,第 7 章介绍山阴地区高砷地下水处理技术应用与发展趋势。

　　本书内容包含本人在中国地质大学(武汉)(2007—2012 年)攻读硕士与博士学位期间的部分研究成果,感谢李义连老师、韩鸿印老师、王焰新老师、祁士华老师、陈华清老师、房琦老师、杨国栋老师等专家学者在不同时间阶段对我的教导和帮助,感谢宁宇、陈华清、梁艳燕、武荣华等博士、硕士研究生的贡献。

由于本人水平和精力所限,书中不足之处在所难免,恳请读者不吝指教。

作 者

2018 年 2 月

目　录

第 1 章　高砷地下水处理技术的研究基础

1.1　砷的基本性质与污染现状

砷的原子序数为 33,位于第 VA 族第四周期。因位于典型非金属到金属的过渡区域而被称为类金属元素。砷在地壳中属微量组分,丰度为 1.8 ppm($1 \text{ ppm} = 1 \times 10^{-6}$),平均含量为 5.0×10^{-6},排第 20 位[1]。单质砷极为少见,大多数砷会以硫化物的形式存在于沉积岩中,尤以页岩和片岩中含量相对较高。自然界中的砷大都以有机或无机砷化合物形式存在,例如难溶于水的氧化物、硫化物等,易溶于水的砷酸盐类等。通常情况下,自然界由于岩石风化和火山爆发产生的砷不会对人类及生态平衡构成威胁。然而,砷在矿业、制造业、化工产业等生产生活领域的广泛使用,使其能够通过各种物理化学过程得以转化并以各种形态存在于环境内。当砷在特定环境介质内含量的累积到一定限度时,便形成了砷污染。长期持续性摄入高砷地下水,会对人体的健康造成一定的危害,其临床医学表现主要为肝脏受损、心脏及神经血管相关发病率增加及手掌角质化等。植物吸收砷后,使水分和营养输送受到阻碍,轻者造成茎叶扭曲、植株萎缩,重者将使作物绝收或死亡。砷在动物和人体内排泄缓慢,常因蓄积而引起慢性中毒。砷可使血管和运动中枢麻痹,还会造成局部糜烂、溃疡和出血。As(Ⅲ)的毒性远远高于 As(Ⅴ)的毒性,这是由于 As(Ⅲ)可以与蛋白质中的巯基反应。而 As(Ⅴ)在体内毒性较低,只有还原成 As(Ⅲ)后毒性才明显地表现出来。在生物体内无机砷还可能发生甲基化反应,生成毒性更大的三甲基砷。砷转化为三甲基砷的反应也可能在土壤微生物的作用下发生,三甲基砷具有挥发性,在通气条件下也不易被氧化,能在环境中累积,有剧毒。

地带性砷中毒主要指的是特定地区的居民由于自然地质原因而摄入过量的砷化物所引起的地方病,主要特征表现为空间分布上的群集性和时间延续上的累积性。原生地下水砷污染由于影响范围广、受砷暴露的人数多而备受各国政府和环境科学界的关注。较为典型的地方性砷中毒,如阿根廷科尔多瓦地区,其饮用水中砷含量高达 900～3 400 μg/L,印度和孟加拉国则由于饮用高砷水而不断引发新的疾病,严重威胁到人类健康。我国的地方性砷中毒事件在 20 世纪 60 年代始见于台湾,80 年代在新疆准噶尔西南部天山北麓山前冲积平原地区(奎屯地区)也逐渐开始流行,病区从西部的艾比湖延伸至东部的玛纳斯河,之间形成了一条长约 250 m 的深层地下高砷水带,涉及受害人口约 10 万。90 年代后,陆续在内蒙古自治区和山西省北部发现砷中毒患者,宁夏、吉林、青海等地也被确立为饮水型地方性砷中毒病区[1]。长期持续性摄入高砷地下水,可对人体的健康造成一定的危害,其临床医学表现主要为肝脏受损,心脏及神经血管相关发病率增加及手掌角质化等。

美国环境总署及疾病控制中心(CDC)将砷列为环境 A 类致癌物质[2],但砷的含量标准却因实际原因而存在一定的地域性的差异,世界卫生组织及美国环境保护协会都将饮用水中砷物质含量标准定为 10 μg/L,若按此标准计算,我国饮用地下水超过该标准的人口预计达数千万。

1.2　高砷地下水的来源与成因

　　近年来,世界各国约 10 万科研人员在从事着有关高砷地下水的来源、形成机制以及其在含水层介质中的迁移转化规律的研究,以便从根本上解决高砷地下水带来的人类健康问题。但由于问题本身的复杂性和不确定性,学术界并未达成绝对一致的意见。全面掌握砷在地下水及沉积物环境中的行为特征是研究查清砷在含水层中赋存转化、迁移释放等地球化学行为的关键所在。目前,研究的热点主要集中在微生物及有机物质对砷在地球化学循环中的作用机制等,要解决上述问题,需要进一步对典型高砷地下水地区进行调查并借助先进的分析手段进行微观层面的研究。

　　原生高砷地下水及其引起的地方性砷中毒,引起了国际水文地球化学界的广泛关注。孟加拉国和印度的区域性饮用水砷中毒事件成为研究热点以来,先后有大量文献报道关于高砷含水层中砷的分布、来源和释放机制[3]。目前,关于原生高砷地下水成因研究,主要包括铁的氧化物或氢氧化物还原模式、黄铁矿含砷黄铁矿氧化模式、砷的吸附与解吸附模式及微生物作用模式等。

　　大量研究表明 As(III)和 As(V)能够快速吸附在各种铁铝氢氧化物[4]、黏土矿物及云母之上[5]。Fendorf 等利用 EXAFS 对 AsO_4^{3-} 在针铁矿表面上的吸附行为进行了研究,结果表明,AsO_4^{3-} 在针铁矿表面形成了三种不同结构类型的配合形式:单齿配合、双齿配合、双齿—双核配合形式[6]。Waychunas 和 Fuller 等利用 EXAFS,对 AsO_4^{3-} 在水铁矿表面上的吸附与共沉淀作用从表面结构方面进行了初步研究,结果表明,AsO_4^{3-} 在水铁矿表面吸附存在内层单齿配合和双齿配合两种形式,当 As/Fe 摩尔比最小时,单齿配合所占比例最大[7]。吸附量随水铁矿的老化结晶而减小,AsO_4^{3-} 在水铁矿表面上的吸附、解吸符合扩散模式。Van 等的研究结果认为,水铁矿 ferrihydrite 模型并不能很好地解释砷的来源[8],而 Foster 的研究结果则显示砷能够在混合含铁矿物形成的云母覆盖层中发生直接或间接的还原作用[9]。由于地下水中砷含量较高的含水层与沉积物中铁氧化物的含量之间的相关性并不十分一致,因此砷的来源依旧是学术界颇具争议性的研究热点之一。

　　孟加拉国的学者研究认为,含水层中氧气的进入促使富含砷的黄铁矿氧化或部分氧化是导致沉积物中砷释放并渗滤至地下水中的一个重要因素[10]。此外,矿业开采及灌溉活动也会加剧含水层沉积物与氧气的接触,使得部分含砷硫化物矿物氧化释放大量的砷。然而这一说法并未得到学术界的广泛认可。首先,地下水中较高的砷浓度一般集中在 20 ~ 30 m 甚至更深的层位,而水位下降则局限于地下 3 ~ 5 m,这并不足以使得大量的氧气进入高砷含水层。此外,也有学者认为,黄铁矿氧化产生的 FeOOH 会对砷产生强烈的吸附作用,而不是将砷释放到地下水中[11]。

　　关于微生物作用引起砷的还原性释放的研究成为近些年来的热点之一[12]。这个理论最先由 Matisoff 等在 1982 年提出,用于解释美国 Ohio 洲东部的高浓度含砷地下水[13]。该理论的核心内容是指含水层介质中的有机质在微生物作用下得到还原,由于铁氧化物得以还原的主要电子供体来源于沉积物中的有机质,因而这种微生物的还原作用促使原本吸附在 FeOOH 上的砷被解吸而进入地下。Islam 等在研究孟加拉国沉积物中铁矿物和砷的相互关系式则发现,二者之间的吸附过程还受到氧化还原电位和还原性铁氧化物的比表面积等因素的控制[14]。Mcarthur 等在对恒河三角洲平原地区的砷污染的研究中则发现,地下含水层泥炭沉积物的分布是影响地下水砷污染的主要因素[15]。这主要源于沉积物中微生物的还原反应导致砷的释放,且释放程度受到微生物降解能力及数量的影响。

1.3　砷的地下水环境条件

在自然条件下,含砷化合物可以通过风化、氧化、还原和溶解等反应,将砷释放到环境中。砷如果进入地下水,可导致地下水砷浓度升高,水质下降。当地下水中砷浓度超过人们的使用标准时,就形成了砷污染。地下水砷的形成、迁移、富集受多种因素的影响。

1.3.1　砷的地下水环境

地下水中砷的富集与迁移受控于污染区域的水文地质条件及地下含水层介质的性质、氧化还原环境、沉积物中有机质及铁锰氧化物含量等[16]。

1.3.2　气候条件

全球高发砷中毒地带大都处在干旱—半干旱的气候环境中。在这种条件作用下,基岩强烈的风化作用能够加快风化带中的矿物分解速率并缩短相关生物的地球化学循环周期,为砷的富集创造有利条件[17]。

1.3.3　地质条件

大多数砷污染地区位于盆地中心或三角洲地区,这主要是因为封闭—半封闭的低洼条件下水流交替缓慢,蒸发作用强烈,易形成利于砷富集的还原环境[18]。较为典型的代表就是孟加拉国高砷地下水区域和我国的内蒙古、山西等地。此外,断裂凹陷的地质构造形成的储水区往往会成为砷的富集场所,例如印度及我国的大同盆地。

1.3.4　含水层介质性质

含水层介质的性质主要包含岩性和化学性质,它们共同构成控制地下水砷形成的基本和主要条件。我国长江中下游江汉平原东部地区地下水砷含量较高的地段含水层大都以粉细砂和含淤泥的砂砾石为主[19]。三角洲南部地区含水层介质中构成主要矿物成分的菱铁矿和褐铁矿中伴随较高含量的共生砷元素。此外,砷的富集还与含水层介质颗粒物的粒径大小密切相关。一般而言,当颗粒物较为细密时,会导致水流减缓并在低洼地带形成砷聚集。

1.3.5　地下水径流条件

地下水径流条件对砷富集的影响主要体现在平原与山区。在地形坡度较大的山区中,径流条件较好,水流通畅使得砷迁移性变好因而含量较低;相比之下平原地带则容易成为砷的富集区。

1.3.6　地下水 pH

砷在地下水中主要以砷酸盐或亚砷酸盐的形式存在,它们的解离常数分别为:$pK_1 = 2.3$,$pK_2 = 6.8$、$pK_3 = 11.6$,$pK_1 = 11.2$、$pK_2 = 12.7$。pH 条件的改变对于水体中砷的影响受控于含水层介质中能够吸附砷元素的各种铁锰氧化物及部分黏土矿物的零点电荷。偏酸性低 pH 值环境中,铁氧化物对 As(V)有较好的吸附能力,但 pH 的增大则会造成砷的解吸[20]。铝氢氧化物对砷的吸附研究结果显示,在由偏酸性到偏碱性的环境条件过渡中,As(Ⅲ)受到的影响并不明显,而 As(V)在其表面的吸附作用主要发生在 pH = 7 的中性条件下。此外,pH 的增大会使胶体和高岭石[21]、蒙脱石[22]等黏土矿物带更多的负电荷,降低对以阴离子形式存在的砷酸和亚砷酸的吸附。

1.3.7　氧化还原电位

砷在氧化环境和还原环境中分别以五价形式和三价形式为主。但还原条件下存在的三价砷相对氧化条件下的五价砷化合物具有更活泼的化学性质,由于不带电荷而更容易发生迁移行为[18]。对于砷含量较低的地下水而言,砷化合物在不同 Eh(氧化还原电位)条件下的溶解度对水体中砷含量的影响并不大,但由于氧化还原条件不仅控制着砷在地下水中的形态、迁移能力及吸附解吸行为,还对含水层介质中铁锰氢氧化物和黏土矿物有明显的调控,因而地下水所处的氧化还原条件也是地方性砷中毒的重要控制元素之一。

1.3.8　地下水中无机组分

一般以阴离子形式存在于天然水体中,因此环境中存在的其他阴离子成分必然会在一定程度上影响或干扰含水介质中砷的吸附作用的发生。常见的无机盐组分,如硝酸根、硫酸根、磷酸根、硅酸根等均对砷在矿物成分上的吸附有一定的抑制作用。例如,Waltham 和 Eick[23]等在研究砷在针铁矿上的吸附作用时发现,由于矿物表面的吸附点位竞争及 SiO_4^{4-} 与 AsO_4^{3-} 之间的静电排斥作用,致使硅酸盐存在时砷在针铁矿表面的吸附效率大大降低。此外,由于砷和磷属同族元素,理化性质较为相似,因而成为研究的热点之一[24]。如果磷酸根进入黏土矿物的吸附表面,则原本吸附在黏土矿物表面的砷酸根或亚砷酸根就会脱离下来进入地下水中,因而地下水中砷含量与磷酸根含量往往表现出正相关的关系。除上述无机盐组分外,氟离子、钒酸盐与钼酸盐也会与砷化物的吸附产生一定影响,但在低浓度条件下,它们对砷的竞争较弱。相关研究表明,只有在 Mo 的物质的量为砷的 10 倍以上时,砷在蒙脱石、高岭石和伊利石上的吸附才会受到影响[25]。

1.3.9　地下水中有机组分

在对河套平原地区砷的地球化学研究分析中,汤洁[26]等发现,富含腐殖质的沉积还原环境使得砷的价态发生改变并在此富集。王敬华[27]等对大同盆地内砷、氟富集机制时也指出,特定有机组分的物理化学性质对地下水中砷的富集起了关键性作用。许多自然界中存在的有机酸都能对地下水中金属元素的迁移产生促进作用[11]。这主要是因为有机酸胶体含有较大的比表面积和吸附能力,与许多元素之间可发生水合反应形成水溶性络合物发生迁移。然而,砷在沉积物中的行为会因有机酸的种类和特性而出现差异。Grafe 在比较柠檬酸、富里酸、胡敏酸对砷在针铁矿上吸附行为的影响表明,三种有机质对砷的吸附均具有抑制作用,使砷吸附量降低的程度为:柠檬酸 > 胡敏酸 ≈ 富里酸[28]。Lei 等和陶玉强等通过 AsO_4^{3-} 在土壤中的吸附行为认为,草酸根、胡敏酸均可通过竞争吸附点位来抑制砷的吸附[29]。Saada 等研究认为先被吸附在高岭石上的腐殖酸可以为砷提供新的吸附位点,促进高岭石对砷的吸附[30]。而 Gustafsson 则认为腐殖质通过竞争吸附作用降低土壤对 As(V) 的吸附[31]。

1.4　富砷水处理技术和方法

目前,关于地表含砷工业废水或尾矿高砷水的处理方法都比较成熟,主要集中在物理法、化学法和生物化学法上[32]。尽管地表水与地下水的性质存在一定的差异,但我们可以通过对处理方法的总结而获得相关的启示来进一步探索适合于高砷地下水的模式。

1.4.1　化学沉淀与共沉淀法

沉淀法主要是通过氯化铁、氢氧化钙等金属离子沉淀剂与水体中可溶性砷形成难溶化合物质后过滤而将砷从液体中去除[33]。此法因经济成本较低而被大量应用在工业含砷废水中,但其也受到水体酸碱度的影响,且单一形式的沉淀剂往往不能满足出水砷含量的排放标准。

1.4.2　氧化法

As(Ⅲ) 在 pH < 9.5 的水体中主要以亚砷酸盐的形式存在,其电中性的状态使得对于 As(V) 的去除效率较高的很多方法都对 As(Ⅲ) 的处理失效很多。此外,As(Ⅲ) 的毒性高出 As(V) 近 60 倍,因此除砷工艺大都通过氧化预处理步骤将 As(Ⅲ) 转化为 As(V) 再用常规方法将其去除。游离氯、臭氧、过氧化氢[34]等都可以将 As(Ⅲ) 氧化为 As(V),是有效的化学氧化剂。研究表明,高锰酸盐和 Fenton 试剂对于用化学沉淀法去除砷的效果较好。国外目前研究了利用溶解氧、高价铁盐、固定床催化氧化等新方法,但国内这些方面的研究工作进展较为缓慢。

1.4.3　离子交换法

离子交换法主要是利用树脂上相同电荷之间的离子脱落与水中的砷进行交换,发生反应。美国 Houston 大学与 Albuquerqlle 市共同研究发现,以聚苯乙烯为原材料做成的强碱性阴离子交换树脂,可以有效去除地下水中的 As(V),使之达到地下水标准砷浓度标准,但对 As(Ⅲ) 的去除能力较差[35]。国内学者胡天觉等研制的高效吸附螯合离子交换树脂则对 As(Ⅲ) 有良好的去除效果,且该交换柱经洗涤后还可达到循环利用的目的[36]。

1.4.4　膜分离法

膜分离法指的是通过膜作为分离介质,利用不同组分在传质过程中的差异性而实现分离、分级、提纯或富集的方法[37]。它是具有前景的除砷技术之一,由于不需要任何的化学试剂而非常适合于小型水厂以及用水终端。Vrijenhoeka 等采用 NF - 45 型聚酰胺纳滤膜研究除砷效果时发现当砷浓度为 10 ~ 316 μg/L 时,As(V)的截留率为 60% ~ 90% ,而 As(Ⅲ)的去除率却远低于 As(V)。研究还发现,随着溶液 pH 的增大,As(V)的去除率明显提高。这是由于 As(V)由负一价离子形态转化为负二价,而二价离子的水合离子半径大于一价的离子。另外,温度、操作压力、膜的类型都会对砷的去除率产生影响。

1.4.5　生物法

生物法主要是利用某些微生物或植物对砷的吸收、蓄积和转化能力来降低水体中污染物浓度[38]。郑凤英等在超富集植物蜈蚣草对水体中砷的吸附行为时发现,经 2 mol/L 的 HCl 洗脱处理后的 50 mg 粉末状蜈蚣草吸附剂,在 20 min 内对 As(Ⅲ)的去除效果就达到 86.1%[39]。Katsoyiannis 等研究发现,在 As(Ⅲ)向 As(V)的氧化转化过程中,铁氧菌起到了加速作用[40]。Anderson 从粪产碱杆菌中提纯得到的砷氧化菌既能有效用于浸矿工业提取预处理研究,也能对土壤中砷的转移转化过程产生一定的影响[41],而氧化亚铁硫杆菌和乳酸硫杆菌等新菌种的产生则能将氧化法和吸附法相结合实现砷的去除。生物法处理含砷水的主要优点是环保和低能耗,在未来的研究中,需要进一步研究新的菌株来提高处理效率。

1.4.6　离子浮选法

离子浮选法是通过在含砷水体中加入表面活性物质使其在气液交界处形成水溶性的配合物或不溶性的沉淀物后借助形成的气泡浮于水面从而将砷去除的方法[42]。相关学者研究表明,SDS 是模拟含砷废水中有效的捕收剂;Fe(Ⅲ)作为共沉剂,浮选最佳脱砷的 pH 为 7.5 ~ 8.5,且浮选速度快,效率高。但此方法具有处理量大,渣量少,净化深度高,适应性强,但是处理费用高,且泥渣含水量高,如何使之固化,减少二次污染,仍是未来研究的热点方向。

1.4.7　吸附法

吸附法主要以不溶性的固体材料作为吸附剂,通过物理吸附、化学吸附等作用将水中的溶解性砷固定在自身的表面上,从而达到除砷的目的。由于具有操作简单,除砷效果好,吸附剂种类多等优点而备受关注。可用的吸附剂有活性铝、活性铝土矿、活性炭、飞灰、黏土、赤铁矿、长石、硅灰石等。最新研究发现,改性吸附材料、纳米吸附材料以及某些含铁材料具有良好的除砷性能。

1.5　砷的氧化技术研究进展

As(Ⅲ)的毒性和迁移性远大于 As(V),但 As(Ⅲ)通常在 pH = 3 ~ 10 的范围内以中性分子形式存在,导致许多技术对 As(Ⅲ)的去除效率都远低于 As(Ⅴ)。因此,为了有效去除地下水中的 As(Ⅲ),降低其毒性,大多数工艺都将 As(Ⅲ)预氧化为 As(Ⅴ)。另外,研究表明砷化物的毒性有很大差异,各种形态的砷化物的毒性为 AsH_3 > As(Ⅲ) > As(Ⅴ) > MMA > DMA,以亚砷酸盐类存在的 As(Ⅲ)比以砷酸盐形式存在的 As(Ⅴ)的毒性要高出 60倍。因此,将 As(Ⅲ)氧化成 As(Ⅴ),既可提高砷的去除效率,又可降低毒性。目前,常用的氧化剂主要有氧气、臭氧、过氧化氢、液氯、次氯酸盐、高锰酸盐、高铁酸盐等。

1.5.1 空气或者纯氧氧化

根据 Clifford 等的观察,200 μg/L 的 As(Ⅲ)溶液在空气中放置 7 d,只有很少一部分的 As(Ⅲ)被氧化。用空气吹洗 5 d,有 25% 的 As(Ⅲ)被氧化;用纯氧吹洗 60 min 将有 8% 的 As(Ⅲ)被氧化。根据 Böckelen 和 Niessner 的观察,最初砷浓度为 69 ppb 的 As(Ⅲ)溶液在纯氧存在下 15 min 将有 19% 的 As(Ⅲ)被氧化。Kim 和 Nriagu 分别用空气和纯氧来吹洗含有三价砷的地下水,发现在 5 d 时间里有 54% 和 57% 的砷被氧化。

1.5.2 臭氧及活性炭氧化

在 O_3、Cl_2、HClO、ClO_2 等氧化剂存在下,As(Ⅲ)的氧化速率会提高。据 Kim 和 Nriagu 观察含砷总浓度 55 μg/L、As(Ⅲ)的浓度为 40 μg/L 的地下水,在 O_3 存在下 20 min 内可以将三价砷全部氧化,但这种方法并不廉价。

在活性炭和氧气存在下,三价砷可以被催化氧化。在 20 ~ 30 min 内,使用 5 g/L 到 10 g/L 的活性炭,就可以将最初浓度为 40 μg/L 的 As(Ⅲ)溶液中 90% 的 As(Ⅲ)氧化为 As(Ⅴ)。

1.5.3 铁和锰化合物氧化

As(Ⅲ)可以被锰的化合物氧化。Manning 等研究了铋(Bi)氧化 As(Ⅲ)以及用 MnO_2 吸附 As(Ⅴ)的机制。研究发现,在接近自然 pH 情况下,MnO_2 氧化 As(Ⅲ)使得 MnO_2 对 As(Ⅴ)的吸附能力有所增加,他们认为在氧化过程中,MnO_2 的表面发生了变化,从而形成了对 As(Ⅴ)的新的吸附位。一些研究也表明在短的接触时间内,用装载有负载锰氧化物的石英砂的固定床来处理含有 As(Ⅲ)的饮用水,处理效果很好。高锰酸钾($KMnO_4$)也可以被用来氧化 As(Ⅲ)。Viraraghavan 等用负载 $KMnO_4$ 的石英砂来处理浓度为 200 μg/L 的 As(Ⅲ)水溶液,能将 As(Ⅲ)的浓度降低到 25 μg/L。As(Ⅴ)能够被 Fe(Ⅱ)/O_2 过程脱除。有人也开展了一些使用 Fe(Ⅲ)来氧化 As(Ⅲ)的试验,但是其氧化速率比锰氧化速率小很多,锰取代的针铁矿的氧化效果也比较好。

1.5.4 H_2O_2 和 Fenton 试剂氧化

Yang 等对在 H_2O_2 存在的情况下,As(Ⅲ)的氧化情况进行了研究。在 As(Ⅲ)起始浓度为 40 ppm,砷对过氧化氢的摩尔比为 1:1,在 10 min 之内,50% 的 As(Ⅲ)能被氧化。若摩尔比为 1:4,则 10 min 之内,就能够将 As(Ⅲ)完全氧化。Pettine 等发现双氧水氧化 As(Ⅲ)这个反应很依赖于 pH。他们发现 H_3AsO_3 并不能够被双氧水氧化,而电离的 $H_2AsO_3^-$ 和 $HAsO_3^{2-}$ 能够被氧化,当 pH > 9 时,氧化的速率很快。当在含 As(Ⅲ) 的水中加入 Fe(Ⅱ) 会使得氧化速率加快。

以上几种方法为氧化剂氧化法,不同的氧化剂在应用上存在着不同的优缺点,表 1-1 对它们做了一些比较。

表 1-1　不同氧化剂的优缺点对比

氧化剂	优点	缺点
氧气	随处可得,没有危害	氧化作用慢,需要附加设备提高氧化速度,增加投资与运行费用
臭氧	就地生产,接触减少	臭氧对人身体健康有害,氧化系统的运行费用与维护费用高
过氧化氢	使用安全,溶液可以人工或自动计量加入	对于实际应用,氧化作用可能太慢,氧化剂氧化能力会失去
液氯	氧化作用非常快	储存与运载存在危险,会腐蚀系统部件
次氯酸盐	氧化作用相对很快	会腐蚀系统部件,随着时间推移,氧化剂溶液会失去氧化能力
高锰酸盐	使用安全,溶液可以人工或自动计量加入	生成的固态锰化合物可能会影响一些系统运行
高铁酸盐	氧化作用快,兼有混凝剂的作用	大规模的生产与应用还不成熟

1.5.5　微生物氧化

如果含有三价砷的地下水中有 Fe(Ⅱ) 和 Mn(Ⅱ) 存在,通常不需要什么额外的处理过程,微生物就能够将 As(Ⅲ) 氧化。Hambsch 等研究表明,当 O_2 的浓度不小于 1 mg/L 时,细菌就可以将 As(Ⅲ) 氧化。

1.5.6　光催化氧化

1972 年日本 Fujishima 和 Honda 在 Nature 杂志上发表的关于 TiO_2 单晶电极上光解水的论文,指出在光电池中光辐射 TiO_2 可持续发生水的氧化还原反应,开创了半导体光催化新时代。1976 年,J. H. Cary 报道了 TiO_2 水浊液在近紫外光的照射下可使多氯联苯脱氯,从而开辟了 TiO_2 光催化氧化技术在环保领域的应用前景。TiO_2 作为一种高效低成本的光催化剂,将其应用于光催化氧化成为近年来环境领域新的研究热点。不少研究者用 TiO_2 作为催化剂通过光化学氧化来降解、处理有机污染物,得到了大量有价值的结果。就 As(Ⅲ) 氧化的研究来看,Ement 和 Khoe 用紫外光照射氧化 As(Ⅲ),在体系中通入氧气,并加入可溶性的

Fe(Ⅲ)用来吸收氧化反应产生的 As(Ⅴ),取得了较好的效果。用 TiO₂ 作为催化剂催化氧化 As(Ⅲ)的研究在国内还未见报道。

1.6　铁盐对砷的稳定化研究进展

土壤中砷的存在和富集与铁氧化物密切相关。土壤中铁氧化物和微生物生物膜对砷的生物可利用性及迁移性有重要影响。砷主要以两种吸附态的形式存在,约 82% 是砷酸盐,18% 是亚砷酸盐,而且 As 与 Fe 呈时空分布。例如,在植物根表面形成一个连续的铁氢氧化物络合环时,砷则在根系的内部或外部以分散状态存在。与植物根表面结合的砷往往与铁富集区域相对应,这是铁的非均匀性和砷的植物优势吸收以及铁的优势吸附反应的直接结果。

目前,关于矿物对 As(Ⅲ)的氧化研究报道较少。Sun 研究了针铁矿对 As(Ⅲ)的吸附和氧化,发现 pH 为 5~7 时,针铁矿对 As(Ⅲ)有非常强烈的吸附,并且有 20% 的吸附态 As(Ⅲ)经过 20 d 后被氧化为 As(Ⅴ)。同时,土壤中存在的 MnO₂ 也可以氧化 As(Ⅲ)。土壤中主要含有的氧化物质为铁锰氧化物,按照热力学原理,可以推导出:

$$2Fe(OH)_3 + H_3AsO_3 + 4H^+ = 2Fe^{2+} + H_3AsO_4 + 5H_2O \quad E_0 = 0.40V$$

这充分说明了土壤中铁锰氧化物在砷的地球化学循环中具有重要的作用。

铁、铝、锰(氢)氧化物具有良好的吸附阴阳离子的能力,以铁元素为主要吸附成分的吸附剂的开发、研制和应用已经得到了国内外的关注。在所报道的铁等金属(氢)氧化物吸附除砷的研究中,砷的吸附量与所用吸附剂的性质有关,如物理化学性质,表面结构,表面的电性质等。吸附表面积越大,吸附能力越强。同时,吸附量与吸附条件,如溶液的 pH、温度、吸附时间和砷的浓度等有关。

在许多氧化物表面,包括针铁矿和赤铁矿,在低 pH 时带正电荷,高 pH 时变为负电荷,随着 OH⁻ 含量的不断增加,其表面带有更多的负电荷,这样就可以吸附更多的阳离子。发生这种变化的 pH(矿物表面零电位)针铁矿是 7.8~8.1,赤铁矿是 6.5~8.6,纤铁矿是 7.8~8.0。As(Ⅴ)主要是 $H_2AsO_4^-$、$HAsO_4^{2-}$,当矿物表面 pH 低于零电位 pH 时,矿物表面带正电荷,可以吸附 As(Ⅴ)的氧化物。在 pH<9 时,As(Ⅲ)主要形式是 H_3AsO_3、$H_2AsO_3^-$ 和 $HAsO_3^{2-}$,As(Ⅲ)在强酸性和碱性溶液中最大吸附量会减少,此时铁氧化物表面带强正电荷或负电荷。有机砷在低 pH 时表现为高吸附,高 pH 时表现为低吸附,这种现象不能简单地归纳为正负电荷的静电引力作用,需要考虑有机砷的化学结构,应该与胶体类型的吸附有关。土壤中的富里酸充当阴离子,可与 As(Ⅴ)竞争吸附点位,As(Ⅴ)的吸附作用随着土壤中富里酸浓度的加大而降低。

在上述提及的除砷方法中,不难发现,铁、铝、锰(氢)氧化物因具有良好的吸附阴阳离子的能力,以铁元素为主要吸附成分的吸附剂的开发、研制和应用已经得到了国内外的关注。

Raven. K. P 等对砷酸盐等在 Fe(OH)₃ 表面上的吸附动力学、等温吸附反应及酸碱度的影响进行了相关试验,最终发现,在偏酸性低初始砷浓度条件作用下,As(Ⅴ)在 Fe(OH)₃ 上达到吸附平衡的时间相对 As(Ⅲ)较短,但当溶液为偏碱性时,亚砷酸盐则先达到吸附平衡点。此现象可用反应溶质的 pK 与溶液的 pH 相关性来解释[43]。Vaishya 等在研究中则发现,两种价态的砷在反应中达到最大吸附率的 pH 范围为 4~7,且当亚砷酸盐在一定条件下转化为砷酸盐时,吸附率会得到一定程度的提高[44]。吴萍萍等人比较研究人工合成的铁、铝矿对 As(V)的吸附性能时发现低初始浓度条件下,pH 对于吸附结果影响并不明显,仅在 pH > 10 的极碱条件下才呈现降低趋势[45]。随着研究的进一步深入,机制模型逐渐被建立起来,国内外众多学者通过借助于先进的微观分析手段 X 射线衍射(XRD)、表面电荷、红外光谱(IR)和 X 射线光电子能谱(XPS)等得到了砷在不同矿物表面的精确的吸附模型。有关竞争性阴离子对砷吸附竞争的研究主要集中在磷酸盐、硅酸盐等上。

　　此外,铝氧化物及铁铝氧化混合物对砷的吸附行为也是研究的主要方向之一。国外关于矿物复合体的研究开始的相对较早,K. Inoue 在 1990 年前后就开展了有关羟基铝硅离子与蒙皂石合成物的特性研究,随后部分土壤学家通过制备新的复合物来探索其对砷酸根、磷酸根等阴离子的高效吸附性能。国内学者王雪莲等制备了低聚合羟基铁—蒙脱石复合体,结果表明,这种新的复合体具有有别于铁的水和氧化物与蒙脱石的独特物化性能,对于砷酸根阴离子的吸附能力受到环境因素的控制[46]。基于 Fe 的很多改性材料也被广泛应用于含砷水的处理,Maeda[47] 等通过填充 $Fe(OH)_3$ 到具有一定缓冲性能的珊瑚内,实现了砷的高效分离和去除。常钢等利用溶胶 - 凝胶法制备了具有较高比表面积的纳米氧化铝材料并对过渡金属离子在纳米氧化铝上的吸附行为进行了研究[48]。

　　聚合的非稳定零价铁颗粒物因其价格低廉、材料易得且无毒害而在地下水污染修复中逐步受到关注。Leupin[49] 在对零价铁修复模拟地下水时发现,部分 As(III)能够在 Fe 被 O_2 氧化的过程中变为 As(V)后因吸附作用去除。Hsing 等以水和铁氧化物聚合体为载体获得的纳米颗粒被证明在稳定后具有较高的吸附能力[50]。然而,因为纳米颗粒具有非常高的反应活性和相互作用力,零价铁纳米颗粒会快速团聚为微粒尺度甚至更大的颗粒,导致反应活性和流动性降低。

1.7　高砷地下水的原位稳定化技术发展

　　自 20 世纪 80 年代国外开展地下水污染治理至今,地下水污染修复技术在大量的实践应用中得以不断改进和创新。较典型的地下水污染修复技术主要有异位修复(Ex-situ)、原位修复(In-situ)和监测自然衰减修复(Monitored Natural Attenuation)等技术。对于高砷地下水,目前国内外主要集中抽取 - 处理的异位处理方法研究,而原位修复技术及其工程实践则较少。

　　抽出处理技术(Pump-Treat),也称异位修复技术,是出现较早且应用最广的地下水污染修复技术。较常用的地下水原位修复技术有:地下水曝气(Air Sparging)技术[51]、电动修复技术[52] 等物理性修复方法,Fenton 氧化[53]、臭氧氧化[54] 等原位化学修复方法,以及通过微生物作用的原位生物处理技术[55]。

　　尽管原位修复是一种热门技术,但对于原位处理高砷地下水的研究非常少,应用工程则更少。例如,有研究使用零价铁构建 PRB 除砷,但该技术存在操作复杂、运行难度大和维护费用昂贵等问题,致使当今受高砷水威胁的人群依然众多[56]。主要的处理技术包括化学、物理和生物方法。后两种方法中,包括反渗透、生物吸附与吸收等,在处理效率与成本上,这两种方法具有非常有限的应用范围与前景。而化学方法则是研究的主要方向。

(1)絮凝—沉淀法。选择的絮凝剂主要是铁盐和铝盐系列,该类絮凝沉淀方法除砷可以达到极低的出水砷含量,完全满足饮用水标准。例如,本课题组前期进行的研究表明,聚合硫酸铁处理高砷水($1\,000 \sim 2\,000 \mu g/L$)可以降低水中砷含量低至 $10 \sim 0.1 \mu g/L$。因而,美国环保局认为铁铝盐絮凝和石灰软化是最经济有效的砷去除方法,并且推荐使用。但该技术存在的缺点是技术操作上有一定难度,需实时监控水质,调整 pH,清除沉淀物,不适合于分散式供水,只适合处理设施完善的大型水处理厂;同时由于需添加铁铝盐絮凝剂,增加了水的酸度,当用石灰水中和酸度时又增加了水的硬度。因此,该方法不仅增加了运行处理成本,同时二次污染造成水中相关组分增加,降低饮用水质量。

(2)吸附—离子交换法。由于砷在水中形成矿物沉淀类型较少,通过难溶盐化学沉淀去除较难,除絮凝沉淀去砷外,此方面的研究非常少。但由于砷在水中是三价和五价形式,主要以砷酸根和亚砷酸根阴离子团存在,吸附—离子交换便成了主要的去除机制。该方法中研究的主要侧重点是吸附剂的选择,常用的有铁锰氧化物、活性炭、活性铝土矿、赤铁矿、离子交换树脂及其他工业和天然吸附材料等。各国科学家大量研究结果表明,铁和铁的氧化物是高效除砷材料,并得到广泛认可。一方面是因为铁的氧化物是强阴离子吸附剂,另一方面又是较好的絮凝剂($Fe(OH)_3$)。于是出现了一批以零价铁或铁的氧化物为除砷材料或吸附剂的各种处理试验,可以肯定的是,处理能达到理想的效果,$As < 10 \mu g/L$。但长时间处理天然地下水又存在一些严重的问题,需待解决。例如,铁氧化物比表面积大,或者 pH 高,容易产生碳酸盐沉淀,大量积累后会使铁氧化物的吸附能失去活性;铁的氧化物吸附饱和后,必然需要再生处理,否则造成无法长期运行。这些问题使其应用难度增大,不适合广泛推广。

砷在地下水环境中的稳定固化研究的关键是能够寻找到一种经济有效的固化剂。而寻找的原则又主要依赖于它与高砷含水介质的亲和力等。目前,土壤中砷的稳定性固化行为主要受到沉积物的吸附解吸过程和矿物介质或铁锰氧化物的共沉淀过程的综合影响。

从国内外研究的各种除砷方法中可知一般采用氧化絮凝沉淀法,即采用氧化剂(如氯)进行预氧化,然后加入铁盐混凝沉淀,在这一处理过程中需控制好氧化剂和絮凝剂的投加量、投加比例等,这无疑加大了处理的工作量及难度。Fe 作为主要的吸附剂,在降低地下含砷地下水浓度方面有着不可估量的作用。近年来,有关 Fe 去除含砷地下水的报道越来越多,但有关其在含砷地下水中迁移变化规律的研究却比较欠缺。地下水系是一个复杂的自然环境,外界因素的改变很容易引起其内部发生一系列的变化,因而利用自然水体本身的性质和自净能力来解决其污染问题成为当前治理环境问题的首选法。$Fe(II)$ 作为地下水环境中天然存在的物质成分,在一定的氧化条件下可以转化为 $Fe(III)$,它能在水中形成非晶质的 $Fe(OH)_3$ 沉淀而吸附水中的砷;且同时 $As(III)$ 也会被氧化为 $As(V)$,大大降低 As 的毒性。近年来,关于氧化剂与 $Fe(II)$ 共存或单独利用 $Fe(III)$ 作为混凝剂来去除水体中砷的研究的重点已经逐渐由相关的外在操作条件对于除砷效率影响转向内在的机制性研究。

砷与土壤黏土矿物或铁氧化物之间通过发生表面吸附或络合作用的研究已广见报道[57]。尽管大量关于降低地下水砷含量的方法研究都与铁氧化物有关,但这些研究都集中在异位修复上。地下水系统的复杂性和特殊性使得原位修复技术的开展受到了一定条件的制约。事实上,铁盐在降低含水层砷含量的作用效果上,更重要的角色在于对砷的固定,氧化还原条件的改变可以使砷的价态发生变化。As(Ⅲ)在地下水(pH = 6 ~ 8)中实际形态是H_3AsO_3,由于其电中性,被含水介质吸附的能力非常弱,所以在地下还原环境中,发生As(Ⅴ)→As(Ⅲ)转化,砷从被吸附状态释放出来进入水中,发生迁移。As(Ⅴ)主要以负电荷的络阴离子形式存在,可以被铁锰氧化物(强阴离子吸附剂)吸附,在地下水中被固定于介质中[58]。

从近年来地下水去除砷技术的发展情况来看,砷的原位固定成为解决高砷地下水的一个新方向,该领域存在的问题和发展趋势大体可以归结如下:

(1)分析识别含水层中砷的赋存状态、组分相态、转化机制、迁移与富集规律,这是研究原位修复除砷的关键性知识背景。目前的研究对于高砷地下水的水化学特征及形成机制把握不够全面深入,对于水中特殊的但是对砷的富集迁移、相态转化起关键作用的化学组分涉及较少,如硫化物、Fe(Ⅱ)、H_2S、腐殖酸等。

(2)铁盐应用于高砷地下水的原位修复是另一个新的发展趋势,向浅层地下含水层注入铁(Ⅲ)盐,有助于增加地下介质中铁的氧化物;注入氧气使地下介质中 Fe(Ⅱ)离子转化为Fe(Ⅲ),同样具有增加铁的氧化物的作用,对于铁质含量较少的含水层将得到修复,使砷固定性增加。通过研究铁盐在含水层介质中的迁移与沉降速率、相态转化规律,确定原位修复的注入方式、注入量、注入周期等关键性参数,对今后相关方面的研究具有重要的理论指导意义。

(3)建立完整的砷、铁在砂土介质中的迁移转化模型,是地下水原位修复砷的另一个发展方向。根据不同水文地质条件、砷污染状况调整设计方案,结合计算机模拟预测结果,为规模化原位修复高砷地下水提供可行性分析及理论指导。

第 2 章　山阴地区水文地质概况

2.1　区域自然地理条件

2.1.1　地理位置

大同盆地(包含阳天盆地)位于山西地堑系的北部[59],桑干河上游,东部与河北省相接,西北与内蒙古自治区毗邻,西南以恒山为界,与本省内的忻州市相连。具体地理位置坐标为:北纬 39°05′~40°33′,东经 112°15′~114°17′。其位置如图 2-1 所示。

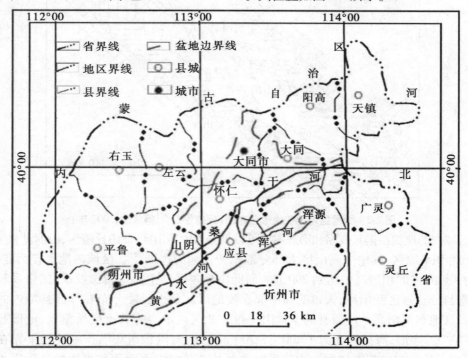

图 2-1　大同盆地地理位置图(据王焰新等[60]修改,2004 年)

大同盆地东西长 250 km,南北宽 330 km,总面积为 7 278 km²。包括两市七县,分别为大同市和朔州市,阳高县、天镇县、大同县、应县、山阴县和浑源县。盆地内交通便利,国道和省级公路均从盆地内通过,京包铁路和北同蒲铁路在大同市相交,此外各乡镇均通公路。

2.1.2　地貌地形

大同盆地北、西、南均为中低山所环绕。其中北部为六棱山,西部为洪涛山、管涔山和口泉山,南部为恒山及馒头山。地形总趋势为西南高而北东低。盆地中心地势比较低,平均海拔为 950 ~ 1 100 m,其中最高峰馒头山的相对海拔高度达到 2 426 m,最低处仅 880 m。整个盆地从形状上看呈东北—西南方向展布。盆地中心处为河流冲积形成的平原区,盆地内山前均有冲积扇裙构成的倾斜平原。

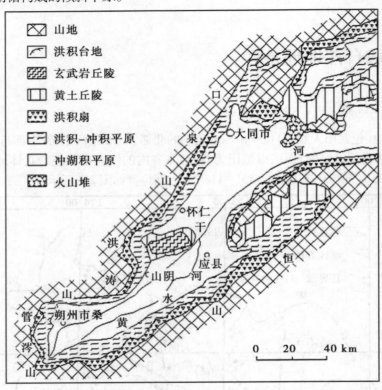

图 2-2　大同盆地地貌地形分布图(据赵伦山[61]等修改,2007 年)

区域内的地貌根据其成因和形态主要可以划分为中高山区、低山丘陵区、山前洪积倾斜平原区和冲积平原区,其中中高山区大部分都位于盆地的边缘[62]。区域内地形较为陡峭,呈"V"字形,海拔的相对高差达到 200 m。而低山丘陵区则主要是指侏罗系、二叠系和石炭系出露与分布地区及阳高、天镇的高中部丘陵地区。黄土丘陵分布在浑源县境内的恒山北麓和盆地东部阳高 - 阳原县的丰稔山一带。此区内地表为黄土层所覆盖,地形起伏不平,多呈"U"字形,海拔标高为 1 200 ~ 1 700 m。此外,洪积扇和洪积 - 冲积平原在山前均有分布,其分布的范围和大小主要受地表水补给区的汇水面积和当地的地形影响。盆地区内的主体地貌单元当属冲湖积平原,它的发育与大同盆地的地质断陷和河流冲积作用都有密切的关系。

2.1.3　气象及水文条件

大同盆地属于大陆性干旱 - 半干旱气候,年平均气温为 6.5 ~ 7.5 ℃,历史时期内最高气温达到 38.3 ℃,极端低温为零下 37.3 ℃,无霜期 120 ~ 140 d。春冬季节干旱少雨、风沙较多,降水多集中在夏末秋初。区域内年平均降水量在 400 mm 左右,但年际变化较大,多年降水量稳定性较差。但平均蒸发量保持在 2 000 mm 以上,高达降水量的 9.7 ~ 21.4 倍,属于温带半干旱地区草原栗钙土地带[27],春旱为该区气候的一大特点。

盆地内河流均属于海河水系。桑干河是盆地内的主干河流,也是其地下水排泄通道之一。但由于受到大量泥沙冲积物的阻塞作用,河道变浅,造成地下水排泄不畅。该地的典型夏雨型特征也使得径流量年内分布很不均匀。此外,由于盆地内平原区的水库水位常年高于地下水位,致使周围的大片农田产生盐碱化。

2.2 区域地质概况

大同盆地位于山西地堑系的最北端,是典型干旱 – 半干旱的第四系沉积盆地[63],也是从新生界开始发育的断陷盆地。大同盆地在中生界由于部分区域受燕山期运动的影响,而形成了轴向东北 – 西南向的背斜山脉。新生界时期盆地所受的应力场发生转变,致使盆地中部发生了大面积的断陷,形成了断陷盆地,盆地内沉积大量厚度不等的沉积物,而周边山地抬升,形成了如今的三面环山,中间为平原区的地形。

2.2.1 地层岩性

大同盆地出露的地层比较齐全,有太古界、元古界、古生界、中生界和新生界的第三系与第四系。大同盆地周边山区均为基岩,盆地内主要是新生界的松散沉积物。其地层岩性和分布情况简述如下:

太古界:包括桑干群和五台群。桑干群分布于盆地北侧和西侧山区,地层岩性主要为片麻岩和麻粒岩以及少量的大理石。五台群分布于盆地南部的恒山,地层岩性主要为片麻岩和斜长角闪岩。

远古界:区内为震旦系,分布于浑源县东部和天镇县南部,地层岩性为石英砂岩及白云岩和灰岩,底部为含砾石英岩。

古生界:包括寒武系、奥陶系、石炭系和二叠系。寒武系分布于大同盆地西部的洪涛山和浑源县内的恒山。寒武系为浅海相沉积,地层岩性以碳酸盐岩和砂页岩为主,存在下、中、上寒武统。奥陶系主要分布于朔州西部的洪涛山北部和大同西南地区,分下、中、上奥陶统,下奥陶统的地层岩性为厚层状结晶白云岩,中奥陶统的地层岩性为薄层状白云质泥灰岩、中层状灰岩和厚层状豹皮状灰岩、泥质灰岩。石炭系主要分布于大同盆地西部,地层岩性以含砾石英砂岩为主,含少量的页岩,夹有煤层。二叠系主要分布于大同盆地西部,地层岩性以砂岩为主,含页岩。

中生界:区内主要指侏罗系,分布于怀仁县—大同市以西,是大同煤田的主体煤层,地层岩性以灰色砂岩为主,含泥岩和少量砾岩。

新生界:包括第三系和第四系。第三系仅在大冲沟的沟头和大同北部的寺儿梁山和孤山一带出露,其余均深埋于盆地区地下。下第三系的地层岩性以玄武岩为主,上第三系的地层岩性以黏土、亚黏土为主。第四系广泛分布于盆地中,且发育齐全。下更新统在盆地内未见露头,属于湖相沉积,其地层岩性以杂色黏土、亚黏土为主,夹多层中细砂层。中更新统在靠近山区见有出露,地层岩性以亚砂土和亚黏土为主,含钙质结核。上更新统在靠近山区广泛分布,地层岩性以亚砂土、亚黏土为主,下部多为砂砾石层。全新统分布于盆地中心和山前冲洪积平原,地层岩性以亚砂土和粉细砂为主,含少量砂砾石。

2.2.2　第四系活动断裂

控制大同盆地发育的主要是北东－北东东向和北北东这两组规模最大的活动断裂,主要指的是盆地南部的恒山断裂、盆地西部的口泉断裂以及六棱山断裂(见图2-3)。

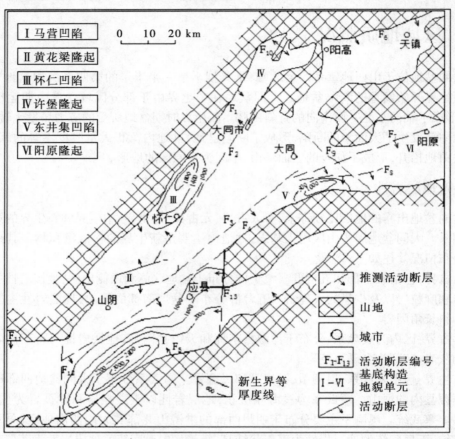

图2-3　大同盆地第四系活动断裂与基底构造(据王乃樑[64]修改,1996年)

2.2.2.1　恒山断裂

恒山断裂位于恒山北麓,为正断层(见图2-3中的F_5)。恒山北麓断裂东起浑源县,经应县和山阴县,到西部的朔州阳方口一带,全长148 km,断裂在总体上走向为北东60°,倾角为65°~75°。在恒山断裂的前沿部分地区形成有湖蚀阶地,并且在山边发育有一系列的洪积扇,部分早期的洪积扇被切割为洪积阶地。

2.2.2.2　口泉断裂

口泉断裂位于大同盆地的西北边界,断裂在中生界为逆断层,而在新生界为正断层(见图2-3中的F_1)。断裂的北部边界在大同市北部的镇川堡附近,南部到山阴县北部的洪涛山,总长约130 km,断裂在总体走向上为北东30°~40°,倾角为60°~80°。口泉断裂在不同地段的活动强度不同,不仅在地貌上有体现,而且在新生界沉积物的厚度上也有体现。如地貌上断层崖的高度不同以及所有穿过口泉断裂的河流均被错断;体现在沉积物厚度上,在口泉和大峪口段的构造活动最为强烈的地段,这两处的沉积物厚度达 1 000 m 以上,远远超过其他地段处。

2.2.2.3　六棱山断裂

六棱山断裂位于大同盆地东部的六棱山北麓,为正断层(见图 2-3 中的 F_4)。六棱山断裂东起河北省的阳原,向西经过大同县至应县的边耀,断裂全长约 100 km,断裂在黎峪以西的走向为北东 40°～50°,而在黎峪以东的走向为北东 70°～80°,断裂倾角为 70°。六棱山断裂从中更新统开始有过多次活动,并且至今仍在活动中。

2.2.3　基地构造

由于基底断裂的空间发育程度、规模及组合形式的差异,导致大同盆地内部凹陷与基地隆起相互交错,构成大小不等纵横交错的各类菱形断块网络。其中,应县凹陷、怀仁凹陷和黄花梁隆起是大同盆地基地构造的主要地貌单元。其在不同构造结构单元上基底断块的断陷幅度、轮廓和方向的差异性则决定了整个盖层沉积厚度的分布规律[65],见表 2-1。

表 2-1　不同构造单元新生界沉积厚度分布特征

构造单元		平均厚度 (m)	最大厚度 (m)	厚度分布特征	
名称	走向			横向	纵向
应县凹陷	NE	1 600～1 800	>3 000	南厚北薄	中间厚两侧薄
怀仁凹陷	NNE	1 000～1 200	>1 500	中间厚两侧薄	厚薄相同
黄花梁凹陷	NE	200～300	<500	中间厚两侧薄	厚薄相同
浑源凹陷	NNE	600～800	>1 500	南厚北薄	厚薄相同
朔州浅凹	EW	300～500		南厚北薄	西厚东薄

2.2.3.1　应县凹陷

应县凹陷又称马营凹陷,位于大同盆地的南部(见图 2-3 中的 I),山阴县后所一带。其南部为恒山第四系活动断裂,东面为小石口断裂,西面为芦子坝断裂,北面是六棱山断裂的西部,在四周的断裂包围下形成了菱形凹陷洼地。马营凹陷的中心在山阴县后所一带,沉积物的厚度超过 3 000 m,凹陷的最深地带在应县至朔州滋润乡之间,呈北东方向延伸,长约 60 km,宽约 15 km;其余部分为浅凹区域,均呈长方形展布,延伸方向也是北东向,最深处约 500 m。

2.2.3.2　怀仁凹陷

怀仁凹陷地处大同盆地的西北部(见图 2-3 中的 II),北东走向,呈长条形展布,长约 60 km,断距 200～300 m。凹陷中心靠近口泉断裂,向东南方向沉积物厚度逐渐变薄,沉积最大厚度达 1 800 m。

2.2.3.3　黄花梁隆起

黄花梁隆起位于黄花梁 – 马铺山断层和黄花梁 – 山自皂断层之间（见图 2-3 中的Ⅱ），在走向上为北东向，长约 100 km，宽约 10 km。黄花梁隆起的基底为太古界的桑干片麻岩，基岩之上为中新统的玄武岩和小火山锥覆盖，玄武岩高于地表的相对高度为 150 m左右，火山锥最高约 100 m。

2.3　水文地质条件

大同盆地松散层成因不同，分布埋藏条件也不相同。盆地内部第四系广泛发育，沉积物厚度总体上表现为从山前到盆地中心逐渐变厚，含水层主要分布地表下 200 m 以内。含水层的岩性以冲洪积的砂层为主，部分地段以亚砂土为主。大同盆地地形上三面环山，中间为低洼平原区，仅在盆地东部有一狭窄出口。盆地内地下水来源于山前的侧向补给和大气降水补给。由于盆地内唯一与外界相连的河流——桑干河，为季节性河流，所以排泄以人工开采和自然蒸发为主。地下水的流向在各个小区域受地形控制，但总体上是流向东北，与桑干河河水流向一致。地下水的水化学分带符合典型的干旱盆地区地下水水化学分带性规律。

2.3.1　含水岩组的划分

由于大同盆地边山地区和凹陷平原区的巨大地势差异，经洪水搬运的大量碎屑岩以及中粗粒的砾石和经风化的少量第四系沉积物堆积在山前的洪积扇区域，其颗粒差异较大，且混杂在一起，所以在深度方向上不存在相对完整的隔水层，可视为一个混合的地下水系统。

在盆地内，由于松散沉积物的沉积原因不同，第四系广泛发育，沉积物的埋藏深度和埋藏条件也不相同，因此浅部、中部和深部的含水岩组有比较明显的区别，岩组间的水文地质条件存在着明显差异。根据沉积物的成因、埋藏条件和地下水的水动力特征，可以将盆地内的含水层分为四个含水岩组：

（1）潜水含水岩组，成因类型为冲洪积形成，埋藏深度约 15 m 以上。

（2）浅层承压含水岩组，成因类型为冲洪积形成，靠近盆地中心部分为湖相沉积形成，埋藏深度为 15 ~ 50 m。

（3）中层承压含水岩组，成因类型为冲洪积形成，埋藏深度为 50 ~ 150 m。

（4）深层承压含水岩组，成因类型为湖相沉积，埋藏深度在约 150 m 以下。

2.3.2　含水岩组的水文地质特征

2.3.2.1　潜水含水岩组

潜水含水岩组在盆地中广泛发育，从山前的冲洪积扇到盆地中部，其厚度逐渐变薄，地层岩性从粗粒的砂砾石到细粒的亚砂土、亚黏土。在山前的冲洪积扇区域，潜水含水层的埋深可以达 20 m,而在盆地中部最浅约 5 m。山前的洪积扇区域为盆地地下水的补给区域,水力梯度大,地下水流速较快,多形成低矿化度潜水。在盆地的中部冲洪积平原区域为地下水的排泄区域,水力梯度小,水流非常缓慢,蒸发强烈,形成高矿化度潜水。该层水在盆地中部尤其是盆地中心区域氟含量超标。

2.3.2.2　浅层承压含水岩组

浅层承压含水层主要分布在盆地内的冲洪积平原中,地层岩性以亚砂土为主,含薄层亚黏土、黏土,夹有厚度不等的粉细砂,粉细砂层是浅层承压含水层的主给水层。从靠近山前冲洪积扇的区域到盆地中部,粉细砂层整体上逐渐变薄,地下水连通性由强变弱,导水系数由大变小。主给水层为粉细砂层,夹杂在含水岩组中的亚黏土和黏土薄层为相对隔水层。亚砂土是次要给水层 – 弱给水层,其颗粒为细粒。含水层的厚度随向盆地中心延展变厚,主含水层的厚度为 5 ~ 10 m,其埋深范围多在地表下 20 ~ 30 m 的范围内。水化学类型从靠近山前地区的重碳酸型,过渡到硫酸型,再到盆地中心的氯化物型。

该含水层中砷含量超标,整体上是从靠近山前洪积扇前沿的区域到盆地中心砷的浓度逐渐增大,存在个别地方的砷浓度异常高值,如马营村。此外,在含水岩组大部分区域地下水中存在高浓度的硫化氢气体。

2.3.2.3　中层承压含水岩组

中层承压含水岩组多分布在洪积扇和古河道区域,含水介质的颗粒较粗,以粉细砂混合亚砂土为主。在洪积扇区域,含水层的导水系数较大,而在盆地中部的古河道中导水系数相对小。在洪积扇区域含水层的水化学类型以重碳酸钙镁为主,但是在盆地中的古河道中以硫酸型为主。在盆地中部的古河道区域,由于埋藏较深,地下水处于强还原环境中,地下水中含有甲烷,如在应县的东辛庄。此外,部分地方的中层承压水中的砷含量超标。

2.3.2.4　深层承压含水岩组

深层承压含水层中的含水介质颗粒细,以亚砂土为主,其中亚黏土和黏土为隔水层,因此导水性较差。深层承压含水层的补给途径很长,在补给区水头很高,因此在平原区域可形成自流,如在安子村的一口深约 200 m 的水井就是为自流井。该含水层中的水化学类型多为硫酸型,矿化度小于 1 g/L。部分地区出现砷浓度异常高值。

2.3.3　地下水补给径流和排泄条件

大同盆地地下水的补给来源为大气降水以及山区的大气降水经下渗侧向补给含水层。地下水的总体流向与盆地内的桑干河流向一致,因为桑干河为区域内唯一的出境河流。而各个小的区域内地下水的流向与当地的小的河流流向一致。地下水的排泄以人工开采、蒸发为主,少量的通过径流流向区外。

大同盆地地处干旱半干旱气候区,区域内地下水获得的补给量多少与大气降水有直接的关系。在盆地的平原区,潜水含水层接受降水下渗,补给到含水层中。在边山地区,山区地表接收的大气降水一部分经地表汇流冲到洪积扇区域补给到那里的潜水含水层,另一部分通过裂隙下渗然后通过洪积扇补给盆地内承压含水层。

地下水的径流是从山前的洪积扇向盆地中心流动的。在山前洪积扇处的地下水水力梯度大,此外含水层介质颗粒粗,地下水流速快。在盆地中部,含水介质颗粒变细,以亚砂土为主,水力梯度变小,地下水流速变缓,部分区域出现盐碱地和次生沼泽化。

在边山地区,由于水力梯度较大和含水介质颗粒较为粗大,地下水的排泄以侧向径流为主。在盆地中部,含水层中的水力坡度小,含水介质为细粒,地下水处于滞流状态,地下水的排泄以人工开采为主,多被用来灌溉和村庄居民的饮用水,而浅层的潜水以蒸发排泄为主。

2.4　区域水文地球化学

2.4.1　研究区域地方性砷中毒概况

流行病学调查结果表明,癌症高发是砷中毒最严重的危害[66]。继国外因环境富砷引发砷中毒的报道以来,我国也陆续在台湾、新疆、贵州、新疆、内蒙古和山西等地发现了多处病区。其中以内蒙古和山西等地的饮水型砷中毒最为严重。研究区域自 20 世纪 80 年代起,由于干旱和地下水过度开采等原因导致黄河水断流,地下水位下降,居民逐渐改用深度为 10～50 m 的手压水井。此后,居民便陆续出现皮肤色素异常,角质化过度等现象。据调查,山阴县的大营村在 5 年内因各类脏器得癌症死亡的人数已达 10 人[67]。不少学者曾对大同盆地高砷地下水的分布及砷中毒概况进行了相关研究,如裴捍华指出大同盆地高砷地下水的分布呈条带状分布在桑干河和黄水河两侧[68],赵伦山认为大同盆地高砷的重病区出现在桑干河的右岸－靠近恒山北麓的一侧,以及在黄水河的两侧,王敬华指出高砷地下水分布在山阴县的西南,并与马营凹陷的厚层沉积物分布一致。

本次调查在前人工作的基础上,对桑干河的上游神头镇一带和恒山北麓洪积扇前沿地区－马营凹陷的边界处,以及沿黄水河的右岸进行取样调查,以查明地下水中砷在平面上的分布情况。同时,为了查明高砷地下水在含水层中的富集分布情况,在山阴县双寨村进行了钻探,分析了砷在含水层中垂向上的富集特征。

2.4.2　样品分布与采集

2.4.2.1　样品的采集分布区

前人通过对大同盆地地下水中砷的分布的调查,一致认为砷浓度最高的层位在盆地浅层含水层中尤其是浅层承压含水层中。本次调查主要对马营凹陷区边缘处和黄水河中游右岸进行取样调查,结合前期资料,查明高砷浅层含水层中砷在平面上的分布情况。

本次样品的采集主要分四条路线进行(见图 2-4)。Ⅰ路线沿盆地西部洪涛山的冲积扇前沿进行。此路线主要目的是查明灰岩夹煤层区作为补给区的洪积扇前沿中砷的分布;Ⅱ路线是沿盆地内黄水河以及在其上游的延伸方向上进行,此区为大同盆地高砷地下水的重病区,本次调查一是为了查明现在的砷浓度情况,二是为了和其他路线相对比;Ⅲ路线是沿着盆地南侧恒山北麓洪积扇前沿进行,主要为查明洪积扇前沿中砷的分布,验证恒山上的变质岩是否是盆地地下水中砷的原生物源。Ⅳ路线从神头镇的北邵庄到南榆林乡的南榆林村,连接洪涛山洪积扇前沿和恒山洪积扇前沿,主要为查明马营凹陷西边界－地下水来源方向上的砷分布。

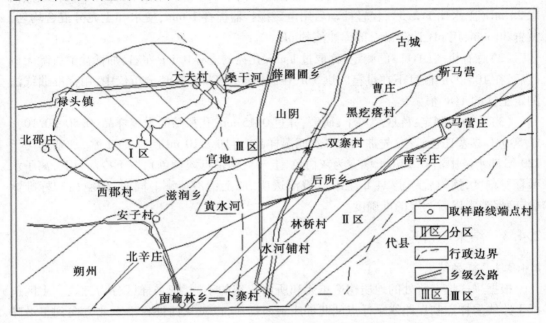

图 2-4　样品采集路线示意图

2.4.2.2　样品采集与测试

水样的采集与保存:本次研究中的地下水水样均来自研究区的居民手压井或用水泵抽水的机井。在取样时需要在泵机运行一定时间后进行取样以保证地下水的新鲜。

采用 500 mL 和 50 mL 的聚乙烯瓶为采样瓶,在取样前先用去离子水清洗采样瓶,取样时再用所采水样润洗 3 次,取样后用 0.45 μm 微孔滤膜及真空泵对水样进行抽滤以去除水中的各种悬浮物,装入两个 50 mL 聚乙烯瓶中,水样均装满以防止瓶中产生气泡,一个瓶中加入浓 HNO_3 使 pH 小于 2,用于微量金属元素和常规阳离子分析,另一瓶用于水中阴离子分析,不加任何试剂。

沉积物的采集与保存:为了研究高砷含水层中砷的来源及释放机制,我们考虑地下水砷的分布特征和地下水流向,在研究区选取钻探点,钻凿一个深度约 30 m 的钻孔,采集不同深度代表性岩土样(单孔内取样间距不大于 2 m)供室内分析。起钻后,按间隔约 2 m,并结合岩性的变化立即采集沉积物柱芯样品并进行岩性描述记录,每个样品芯柱长约 15 cm,直径约 10 cm。采集样品后立即用保鲜膜包裹 5 层以上,并用两个保鲜袋密封,装入 PVC 试样盒,用胶带密封后,尽快送往实验室冷藏,在两周内进行分析测试。

水样基本测试:采用现场测试和室内测试相结合。水样的 pH、电导率、温度、TDS、溶解氧、氧化还原电位等用 HACH 便携式仪器测试。水中总量砷及形态现场分离后的各形态砷含量采用北京吉天公司 AFS830,测定方法为用氢化物发生原子荧光法。阳离子用美国 PE 公司的 ELAN 系列 ICP – MS 等离子质谱仪进行测试。

沉积物基本性质的测定:

(1)pH 的测定:称取过 1 mm 孔径金属筛的土样 10.0 g 于烧杯中,加无二氧化碳蒸馏水 25 mL(土水比 1:2.5),轻轻摇动后用电磁搅拌器搅拌 1 min,使水和土充分混合均匀,放置 30 min,用 pH 计测量上部浑浊液的 pH。

(2)总有机碳(TOC)的测定:称取过 1 mm 孔径的土样 0.1 g 左右,加稀盐酸去除无机碳后,在 105 ℃的温度下在烘箱内烘 5 h,在固体模块 Liqui TOC 分析仪中,用标准曲线法测定土样的 TOC 值。

(3)总砷的测定:称取经风干、研磨,并过 0.15 mm 孔径筛的土壤样品(0.50 ± 0.10)g 于 50 mL 具塞比色管中,先加入少许水润湿样品,再加入 10 mL(1 + 1)王水,加塞摇匀于 120 ℃沸水浴中消煮 2 h(土壤变为灰白色,上清液稍带点淡黄色),取下冷却,用去离子水稀释至刻度,摇匀后静止 24 h 至溶液澄清透明,取上清液待测。同时,做空白和标准试验,确保消煮以后测定的准确度。

2.4.3　结果与讨论

2.4.3.1　样品结果

根据采样地点所处的地质构造单元和所属流域的不同,把采样区分为三块。Ⅰ区包括Ⅰ路线采样点和Ⅳ路线采样点从北邵庄到西郡村,以及从西郡村沿东北方向到里沿疃村,在地区地下水补给区属于洪涛山奥陶系和石炭系地区以及南麓第四系活动断裂洪积扇,而断裂的北端就是大夫村,从北邵庄到西郡村属于桑干河断裂区,在流域上属于桑干河的上游。Ⅱ区主要包括Ⅱ路线采样点所在区域,从安子村到新马营,在地质构造上属于马营凹陷,流域上属于黄水河的中下游。Ⅲ区主要指Ⅲ路线采样点所在区域以及Ⅳ路线的南辛庄等,地质构造上属于恒山北麓活动断裂前沿,在流域上主要属于黄水河的支流。

样品测试结果见表 2-2。样品中 K+ 含量很少,水文地质学中一般把它和 Na+ 归为一类,所以表中以 Na+ 代表 Na+ 和 K+。水中的 Mn 和 Fe 对砷的影响机制相同,且 Mn 的含量较 Fe 含量低很多,所以以总 Fe 代表样品中的 Mn 和 Fe。其他微量元素如 Pb、Sr、Cr 等的含量很少,参考前人的研究成果,砷的浓度变化和这些元素的相关性不大,因此表中没有列出。便携式仪器 DR 2800 对硫化氢的检出限为 0.005 ~0.8 mg/L,可以基本满足现场测试需要。神头镇所取水样为桑干河中的泉水,安子村所取水样为井深超过 200 m 的自流井的井水,苏庄所取水样为村中集中供水井,井深大于 80 m,沙家市村所取水样为恒山北麓洪积扇中的深井水,井深超过 150 m。这四处的准确井深没有确定,因此在表 2-2 中没有列出。黑疙瘩村和曹庄的数据引用王焰新等 2001 年的数据。

表 2-2　研究区水样测试结果

分区	村庄	井深 (m)	pH	TDS (g/L)	H₂S (mg/L)	Na⁺	Mg²⁺	Al³⁺	Ca²⁺	总 Fe	As(ppb)	Cl⁻
I 区	大夫庄村	40	7.4	0.64	0.01	17.08	3.67	0.01	154.2	0.48	0.86	5.15
	马跳庄	30	7.3	0.57	0.01	25.45	7.84	0.01	340.3	0.47	1.10	5.12
	神头镇		7.0	0.45	—	11.58	9.05	0.01	516.7	0.48	0.55	3.13
	新磨	20	7.3	0.33	0.01	7.46	8.68	0.01	437.1	0.46	0.32	2.57
	北邵庄	30	6.8	0.11	0.01	31.39	33.14	0.01	151.2	0.47	1.65	12.82
	东邵庄	20	7.6	0.76	0.01	29.74	18.54	0.01	52.9	0.50	1.20	7.00
	西影寺	20	7.5	0.58	0.01	30.42	12.27	0.03	48.5	0.52	0.72	3.77
	西郡村	15	8.0	0.45	0.01	S	39.44	0.01	50.7	0.45	2.21	124.81
	里沿瞳	32	8.2	0.34	—	S	23.18	0.01	53.9	0.49	2.44	15.17
II 区	王东庄	40	8.3	0.57	0.03	28.62	9.89	0.10	30.2	0.59	20.62	3.75
	新进瞳	16	8.2	0.42	0.07	15.12	13.58	0.02	16.1	0.54	17.04	7.80
	安子村		7.6	0.30	—	57.55	3.82	0.08	8.2	0.54	186.07	4.39
	滋润村	50	8.4	0.44	0.01	S	8.14	0.05	14.1	0.49	165.83	15.85
	官地	20	9.0	0.58	0.01	S	102.81	0.02	42.6	0.92	4.81	396.73
	东王圐圙	22	8.4	3.55		43.42	12.14	0.04	33.3	0.60	132.85	8.36
	二分场	30	8.3	0.48	0.17	S	17.59	0.17	21.3	0.56	115.57	29.65
	双寨村	30	8.5	0.31	0.15	28.20	16.28	0.13	12.38	0.01	241.80	15.76
	黑疙瘩村 1	20	8.3	ud	ud	105.80	23.70	0.05	26.40	0.05	7.90	30.52
	黑疙瘩村 2	40	8.2	ud	ud	104.40	30.60	0.06	19.30	0.04	494.00	51.34
	曹庄	30	12.3	ud	ud	251.30	40.50	0.06	67.20	0.10	22.00	316.50
	新马营庄	20	7.8	0.26	—	5.10	4.18	0.04	45.9	0.49	3.43	2.45
III 区	北辛庄	25	8.3	0.30	0.01	18.04	5.88	0.03	3.16	0.48	0.78	3.05
	南榆林	25	7.4	0.27	0.02	6.99	6.82	0.04	4.25	0.48	1.61	2.64
	沙宨	30	7.7	0.30	—	10.82	7.66	0.06	4.62	0.50	0.75	3.16
	下寨	80	7.2	0.29	—	7.18	5.59	0.21	4.82	0.50	0.48	2.93
	水河铺村	31	7.3	0.28	—	6.64	4.69	0.02	4.71	0.49	0.44	2.81
	东察罕铺	15	7.4	0.30	0.25	11.09	6.23	0.02	3.63	0.54	0.63	2.70
	林桥	40	7.2	0.19	0.01	9.31	8.55	0.04	6.2	0.50	1.47	5.45
	苏庄		6.9	0.14	—	6.73	5.55	0.01	6.96	0.52	0.31	3.02
	后所	27	7.4	0.29	0.26	5.87	4.15	0.02	5.04	0.65	3.41	3.89
	帐头铺	45	7.3	0.26	0.06	7.96	6.58	0.09	6.97	0.56	1.83	5.35
	辛立庄	20	7.1	0.37	0.01	4.52	5.85	0.02	5.30	0.48	0.30	3.01
	南辛庄	25	7.3	0.32	0.02	11.00	4.40	0.02	4.87	0.60	4.04	3.06
	南辛寨	20	7.8	0.28	0.01	7.51	5.22	0.05	5.07	0.91	18.83	3.32
	沙家市		7.1	0.31	0.02	6.76	5.26	0.05	5.64	0.45	0.21	2.86
	马营庄	30	7.2	0.32	—	5.47	6.62	0.28	4.81	0.49	0.81	2.74

注：1. Na⁺、Mg²⁺、Al³⁺、Ca²⁺、总 Fe 和 Cl⁻ 的单位均为 mg/L。

2. S 代表超过仪器的检测限 300 mg/L。

3. ud 代表缺失数据。

2.4.3.2　样品结果讨论

在 3 个区内均发现了硫化氢,其中以恒山北麓的Ⅲ区的浓度最高,Ⅰ区的浓度最稳定;TDS 中,Ⅲ区的平均值最低,Ⅱ区最高;氯离子浓度的平均值,Ⅲ区最低,Ⅱ区最高;砷的浓度平均值,Ⅲ区的平均值最低,Ⅱ区最高。因此,3 个采样区的划分符合地下水水化学分带性规律。Ⅰ区的平均水温和 pH 值为 12.4 ℃和 7.45,Ⅱ的为 11.2 ℃和 8.61,Ⅲ区的为 12.2 ℃和 7.37。3 个样品区的结果特点分析如下:

Ⅰ区:是地下水水环境的集聚区,位于从洪涛山山前补给区到盆地中部蒸发排泄区的过渡带。最大的特点是 H_2S 的含量很稳定。此外,TDS 值稳定也是该区的一个特点,除去北邵庄村(因该处有电厂排除的地表水渗入地下稀释了地下水中总溶解固体浓度)。该区的补给区为洪涛山南麓第四系活动断裂洪积扇地下以及洪涛山灰岩、白云岩含水岩组,由于补给区水源稳定,所以该区地下水中整体的总溶解固体含量稳定。洪涛山地区也分布着石炭系的煤层,煤层含有硫化物,因此Ⅰ区中稳定的 H_2S 含量源自硫酸盐的还原反应,而硫酸盐的物质来源为煤层中的硫化物氧化。从西影寺村到里沿疃村一线远离了补给区,所以地下水中 Na^+ 和 Mg^{2+} 含量增高。据调查大同盆地周边山区岩石的砷含量时发现洪涛山上白云质灰岩砷含量为 0.8 mg/kg,而砂页岩夹煤层中的砷含量为 3.4 mg/kg,岩石中的砷是Ⅰ区地下水中砷的来源。由于补给量充沛、地下水径流较快,所以该区域地下水中砷含量没有超标。

Ⅲ区:是地下水水环境的集聚区,但是相对于Ⅰ区,它更加靠近地下水的补给区——山前洪积扇。最大的特点是各种离子组分的浓度都很低,TDS 在三个区中也是最低的,而 H_2S 的含量无论是平均值还是最大值都是三个区中最高的。地下水中总溶解固体含量低,Cl^- 浓度低,与该区是盆地地下水补给区的地下水水化学分带性规律相符,分带性规律与 H_2S 的高浓度不相符。H_2S 气体源自硫酸根的还原,而硫酸根多出现在沉积岩中,但是盆地南部的恒山分布的是太古界、元古界变质片麻岩,证明变质岩中含有硫化物矿物。在地质历史上,恒山经过多次的变质作用以及岩脉入侵,矿物中的 Fe、As 和 S 容易结合在一起形成含砷黄铁矿。恒山变质岩的含砷量都比较高,岩石中砷的含量为 12.4 mg/kg,远高于石炭系煤层中的砷含量,间接表明了矿物中的硫化物含量也不低。含砷黄铁矿的溶解反应产生了硫酸根,而硫酸根在进入马营凹陷平原含水层后经还原作用产生了 H_2S 气体。硫酸根在沿地下水的流向上减少了,而在靠近补给区硫酸根含量高,所以Ⅲ区地下水中的 H_2S 高于Ⅱ区的。

沙宎和水河铺村的采样点中没有发现 H_2S 气体,推测原因是在这两个村具有季节性的小河流,在夏季降水多时河道有水,含水层在 20 m 以上以亚砂土和粉砂为主,夹砾石。粗粒的含水介质和雨季时较大的地下水流速,使得含水层中含砷黄铁矿含量很少,造成井水中没有发现 H_2S 气体。苏庄和下寨村都采用集中供水,饮用水的来源是洪积扇中的含水层,含水介质为粗粒的粉细砂夹砾石,含砷黄铁矿不易富集在含水层中,因此也没有在井水中发现 H_2S 气体。在这四处含砷黄铁矿含量少,对应水中的砷含量低,最高值仅为 0.75 μg/L。马营庄井水中没有发现 H_2S 气体可能也是与含水介质颗粒大有关。

Ⅲ路线各采样点地下水中 H_2S 气体浓度的差异反映了各地点含水层中含砷黄铁矿

含量多少的差异。而含水层中含砷黄铁矿含量的差异一方面与地下水或地表水来源的恒山区域中的变质岩中含砷量的多少有关，另一方面与恒山的地层岩性有关。恒山北麓地层岩性以变质岩和混合花岗岩为主，地下水存储空间为裂隙，所以存储的降水量很少，当大的降水来时容易形成洪水。洪水从地势低洼处流走，带去了经风化破碎的含砷矿物。而随着地质历史的推移，含砷矿物富集的地方经地质的夷平作用，含水层以上覆盖了细粒的亚砂土、亚黏土，地下水环境变为还原环境，含水层中 H_2S 含量增高。而洪涛山前冲洪积平原的地下水来源洪涛山上奥陶系和石炭系地层中的岩溶水，当大气降水时，灰岩和白云岩能够存储大量的降水。洪涛山的地层岩性决定了它可以作为稳定的补给区，因此经水流所带出的硫酸根也是稳定的，反映到冲洪积平原区的地下水中的特征就是地下水中有稳定的 H_2S 含量。

地下水中砷含量低的一个原因是Ⅲ路线各采样点位置在地下水径流途径上距离盆地中部排泄较远，具有相对水头高差，而还原环境地下水中砷以亚砷酸为主便于随水流迁移。另一个原因是地下水中含砷黄铁矿的含量在地质历史上被消耗了很多，在经氧化反应生成的砷含量很少。

Ⅱ区是地下水水环境的富集区。该区地处马营凹陷的深凹区，很多学者在对大同盆地的研究中均认为该区是高砷区或砷中毒的重病区，他们认为是特殊的地质构造和水文地质条件促使了地下水中的砷在此处的富集。本区的特点之一就是出现异常高的 TDS 值为 3.5 g/L，此外 Cl^- 离子也出现异常高值，在官地采集水样中的浓度为 396.73 mg/L。地下水中阳离子以 Na^+ 为主，Mg^{2+} 含量比较其他两个区域都高，而 Cl^- 含量也是三个采样区中最高的，表明该区的地下水位于强烈蒸发区。在该区的大部分采样点的井水中检测出了 H_2S 气体，它的含量比 Ⅰ 区的高而比 Ⅲ 区的低，而高值出现在黄水河的中下游地区，而在靠近桑干河流域的王东庄等含量较低。根据上面对 Ⅰ 区和 Ⅲ 区中有关地下水中 H_2S 含量的分析，可以推测在黄水河的中游距离桑干河较近处的地下水向黄水河流动，而在其他区域的地下水补给区是恒山北麓洪积扇中的。

Ⅱ区中地下水的流向比其他两区复杂，但总体流向是西南—东北向。从北郡庄到里沿疃村地下水中的 Na^+ 离子含量在增高，Cl^- 的总体含量升高，TDS 出现减小是因为桑干河和东榆林水库的影响。这些离子浓度的变化指示源自洪涛山的地下水越过桑干河向黄水河方向补给。在Ⅳ采样路线上，从南榆林经北辛庄再到王东庄一线地下水中的 Na^+ 和 Cl^- 含量增高，TDS 也在增高，这表明地下水是从恒山北麓流向黄水河中上游的。而这两个方向相反的地下水在王东庄—新进疃—东王圈圌沿线归于同一个方向——西南—东北向流动，因为这三处的 Na^+ 和 Mg^{2+} 含量大于恒山方向来水的浓度，而小于洪涛山方向来水的浓度，Cl^- 也有相同的规律，而不是按照远离补给区浓度就增高的地下水分带性规律。

在Ⅱ区和Ⅲ区的东侧，地下水流有两个来水方向，一是从浑源凹陷中自东向西的地下水流，二是从恒山北麓洪积扇中自南向北的地下水流。例如，在地理位置上，新马营近似在双寨村—黑疙瘩村—曹庄的延长线上，地下水的水化学分带性应该具有相似的规律性，但是新马营采样点地下水中的 Na^+、Mg^{2+} 和 Cl^- 浓度远小于这三者，而与马营庄、沙家寺相近。这说明新马营的地下水不是从恒山北麓自南向北流的地下水。二是来源浑源凹陷

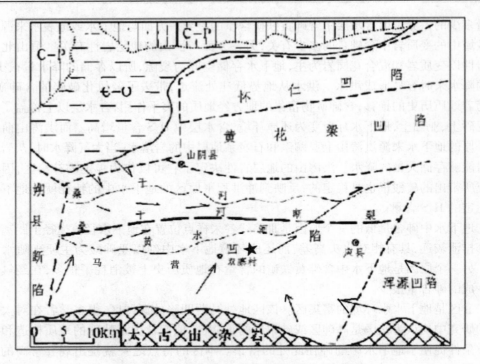

注:箭头表示地下水流向;双寨为课题组钻孔所在位置

图 2-5　马营凹陷示意图(据王敬华等修改,1998 年)

中或者两者混合后的地下水,因为新马营处的地下水砷含量高于马营庄和沙家寺的。

在 Ⅱ 区从曹庄附近到安子村一线向恒山北麓方向的地下水均是来源于恒山北麓洪积扇中的地下水,这从相对应的 TDS 值、Na^+ 和 Mg^{2+} 浓度和地下水中 H_2S 含量变化可以证实。

在 Ⅱ 区从曹庄附近到安子村附近是马营凹陷中的高砷分布区域,由地下水的水流方向可以确定这些区域中砷的来源是恒山变质岩、混合花岗岩中的含砷矿物经氧化作用产生富集的。以地下水中 H_2S 气体含量的变化为表示进行说明。在 Ⅲ 区后所采样点井的深度为 27 m,水中 H_2S 气体浓度为 0.26 mg/L,水中 As 的含量为 3.41 μg/L,而在与后所的对应地下水水流方向双寨村采样点井的深度为 30 m,水中 H_2S 气体浓度为 0.15 mg/L,水中 As 的含量为 241.8 μg/L,并且水中其他离子如 Na^+ 离子、Mg^{2+} 离子和 Cl^- 离子浓度都增加,TDS 值也增加。这说明,随着从恒山北麓向盆地中部流动的地下水在大致方向上先经过后所然后经过双寨,地下水环境从集聚区到富集区,地下水中的还原性增强,造成含水层中 H_2S 气体浓度降低的原因是硫酸根含量减少。恒山地层岩性为变质岩和混合花岗岩,硫酸根多出现在沉积岩环境,此处硫酸根来源于含砷黄铁矿中的硫经过氧化反应生成的。在 Ⅲ 区地下水中的溶解氧或者氧化剂比 Ⅱ 区的多,因此生成硫酸根的量多,因而 H_2S 气体浓度也高。双寨村地下水水中硫酸根的含量仅为 0.02 mg/L,所以 H_2S 气体含量低。马营凹陷深凹区含水层岩性以亚砂土为主,夹薄层亚黏土、黏土,地下水滞流,在还原环境中呈三价的砷在此区域滞留富集形成高砷区。

2.4.3.3　区域高砷地下水化学特征

1. 高 pH

地下水中砷的活性及价态与 pH 关系密切。在 pH＝4～9 时,砷主要以砷酸盐或亚砷酸盐的形式存在,与其他阴离子有相同的电化学性质。砷与磷位于同一族,因而砷酸根与磷酸根一样,在不同的酸碱条件下与不同数量的氢离子可以形成不同价态的阴离子。在大多数有氧的自然环境中,砷酸根离子可以被各种氧化矿物强烈吸附。在土壤 pH＝5～6 时,As 被大量吸附,pH 超过 6 时就会快速解吸附,在 pH＝5～9 的弱酸性到碱性范围内,As 迅速从矿物表面解吸,K_d 减小数百倍[69],从而导致水中砷的浓度增加。此外,该地区常年干旱的气候条件是造成 pH 升高的一个因素,且这种情况下往往伴随地下水的盐分富集及土地盐碱化[70]。这与研究区的实际情况相符。从图 2-6 中我们可以看出,研究区砷浓度较高的地区地下水的 pH 都达到或接近 8.5。

有关研究表明,铁铝氢氧化物对 As(Ⅲ) 的吸附解吸过程受 pH 的影响不大,在 pH＝4～9 内基本保持不变。因此,理论上而言,随着地下水 pH 的升高,解吸出的 As(Ⅴ) 应大于 As(Ⅲ),使得水体中主要以 As(Ⅴ) 存在。但实际上,研究区内高砷地下水主要以 As(Ⅲ) 存在,这与地下水的氧化还原条件有关。

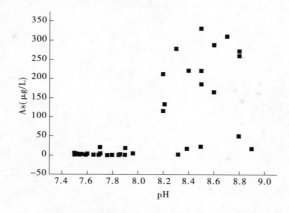

图 2-6　研究区地下水中总砷含量与 pH 关系图

2. 强还原条件

在山阴地区的浅层地下水水样检测中不难发现一个共性现象,即新鲜地下水中含有高浓度的还原性化学物质。在双寨等地,水中伴随硫化氢气体,而在靠近盆地中心的东营村居民井内,抽出的地下水因含有甲烷气体而可以直接点火。高浓度的硫化氢、低浓度的硫酸根和硝酸根均指示地下水处于还原环境。同时,在水样采集过程中现场测定的溶解氧和氧化还原电位等指标也表明该区地下水中多组氧化还原反应并存,局部地区地下水处于强还原环境中。

氧化还原作用对于元素在地下水环境中的迁移有着重要影响。事实上,元素真正达到平衡的过程耗时较长,重要的几种元素例如 O、C、N、S 和 Fe 等都对整个地下水环境的调控占据主要的调控作用。在氧化环境中,地下水中的铁锰氧化物能够吸附水体中的砷化物,使得 As 浓度降低[71]。而氧化还原电位的降低会使得砷酸根转化为亚砷酸根,降低土壤矿物对砷的吸附,铁锰氢氧化物则被还原形成更为活泼的离子组分,导致原本吸附在他们上面的砷化物也随着进入地下水中,可溶性的铁和砷含量升高(见图2-7)。

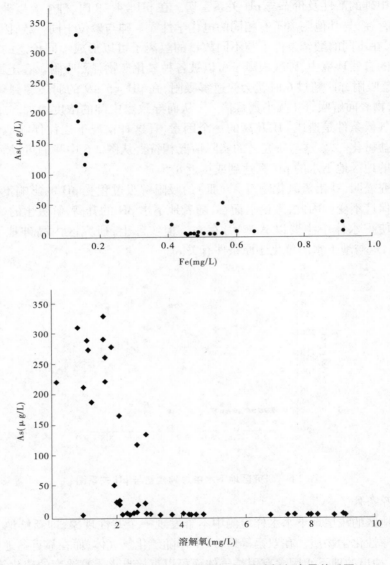

图 2-7　研究区地下水中总砷含量与 Fe 及溶解氧含量关系图

2.5　大同盆地高砷地下水成因分析

大同盆地内的区域地质环境特点对高砷地下水的富集提供了有利条件。各方面主要因素归纳如下:

(1)干旱—半干旱的气候环境。大同盆地年降水量很少,且集中在 6~9 月,其余季节干旱多风沙,气温差异很大,尤其是冬季和春季。这种气候促进了南部恒山含砷变质岩的风化,而夏季集中降水有利于含砷矿物向盆地中搬运。

(2)断裂凹陷构造。大同盆地的三面环山是由第四系活动断裂造成的,而盆地内发育走向各异的基底构造形成了凹陷平原区。边山和凹陷平原形成了巨大的地势落差,而平原区内地形平坦,凹陷区成为了储水构造,造成地下水流速缓慢,有利于砷的富集。

(3)细粒的含水介质。由于边山和凹陷区的地势差大,同时降水量少且集中,造成山前的洪积扇范围小,被水流搬运到盆地内的为细粒沉积物,如亚砂土、亚黏土等。细粒含水介质导致了含水层中的孔隙度变小,渗透系数为低值,同时重力给水度或弹性给水度变小,使得含水层之间的连通性变差,不利于地下水的补给和排泄,造成砷在含水层中的滞流。

(4)含水层的还原环境。大同盆地为典型干旱、半干旱气候区盆地,边山的封闭构造,使得地下水仅在山前的潜水含水层中呈氧化环境,随着地下水向盆地中心的流动,含水层呈还原环境且还原性增强。靠近山前洪积扇区域都发现了地下水中有硫化氢气体,而盆地中心从随新鲜井水逃逸出的甲烷都可以点燃。具备了富集三价砷的水文地球化学环境。

从马营凹陷的西部和南部边界处——区域地下水的来源方向上,调查地下水中砷的含量分布,主要是浅层承压含水层中的水样。主要结论如下:

(1)大同盆地高砷区(马营凹陷区域)的地下水补给区有三处,一是从洪涛山南部灰岩、白云岩含水层以及洪积扇中的孔隙水,二是恒山变质岩和混合花岗岩裂隙水及洪积扇中的孔隙水,三是由于地势差原因,位于相对高地下水水头的浑源凹陷中的孔隙水。马营凹陷黄水河流域的地下水补给源以恒山上的裂隙水和洪积扇孔隙水为主。

(2)对比了 3 个区地下水中的主要离子浓度、TDS 值和硫化氢气体含量的变化,发现地下水的水化学分带性符合干旱—半干旱气候区盆地中地下水水化学分带性规律,从补给区到排泄区,TDS 值、Na^+ 离子和 Cl^- 离子逐渐升高。硫化氢气体含量的变化并没有遵循地下水水化学分带性规律,而主要受地下水中来源区硫化物含量的高低和补给量的稳定性决定。Ⅲ区地下水中硫化氢含量高,变化也大;Ⅰ区地下水中含量低,但是稳定。

(3)根据地下水的流向和地下水水化学分带性规律,以及硫化氢含量的变化,推断黄水河流域地下水中砷的原生物源是恒山变质岩和混合花岗岩中的含砷矿物。结合地下水中硫化氢和铁离子的含量,以及恒山变质岩的地质构造历史,推断地下水中砷的原生矿物是含砷黄铁矿。

(4)研究区内高砷地下水化学特征表现为:高 pH,低溶解氧,低 Fe。表明高砷地下水的形成与当地表现出来的强还原环境有关。

第3章　山阴地区沉积物对
地下水中砷的吸附特性

地下水的水岩相互作用主要指水体与岩石之间的水文地球化学作用。它对于研究地下水中物质组分的形成与迁移转化等起着至关重要的理论指导作用。沉积物中一般含有大量的矿物质、铁锰氧化物和有机质等,通过对沉积物与地下水化学组分之间作用规律的研究,可以更加清晰地刻画描述环境与水体之间的作用关系。

研究地下水中污染物的形成机制,主要是研究污染物与含水层土壤间的相互作用。由于各种含水介质(如孔隙、裂隙、岩溶)的存在使得地下水及溶质在其间的运动很复杂,室内的静态试验往往不足以刻画污染物在地下水中的迁移模拟规律,因此土柱及砂箱动态试验、野外现场试验与数学模型的结合才能够准确把握污染物在复杂的地下水环境中的时空变化规律。在水岩相互作用研究中,沉积物中砷的含量和存在形态分析是研究高砷地下水形成机制的重要视点之一[72]。有学者指出,吸附反应控制着含水层沉积物中砷的浓度,进入含水层沉积物中的砷主要以离子化合态存在。在高砷环境条件下,吸附反应与共沉淀反应是一致的,都与周围环境的 pH 及氧化还原电位有关,一般发生在吸附介质表面以及自身沉淀物表面。

本章主要针对山西山阴地区高砷地下水现状,对研究区含水层中沉积物进行分析,通过吸附试验研究砷在含水层沉积物中的吸附规律、影响因素及其相互作用机制,从而探讨高砷地下水与沉积物之间的关系和形成机制,对进一步深入认识砷在地下水中的富集和迁移转化规律、治理和修复高砷地下水提供可靠依据。

3.1　研究区沉积物特性及其矿物化学成分分析

3.1.1　沉积物 XRD 结果分析

通过对研究区的典型钻孔沉积物 XRD 分析,可以看出,砂层沉积物中主要以石英为主,含量高达52%。黏土矿物构成了黏土层的主要成分,而在砂质含水层中含量较少。具体结果见表3-1。

表 3-1　研究区沉积物 XRD 分析结果

钻孔编号	取样深度（m）	岩性描述	矿物种类和含量（%）							
			石英	钾长石	钠长石	方解石	绿泥石	伊利石	闪石	蒙脱石
SY-01	2.5	灰黄色亚黏土	36	2	5	7	21	10	3	16
SY-02	3.1	灰色松散细砂	38	5	2	10	15	15	6	9
SY-03	5.5	灰黄色亚砂土	29	2	2	11	17	22	7	10
SY-04	6.1	灰色亚黏土	27	6	6	14	12	15	3	17
SY-05	7.5	黄灰色亚砂土	31	7	9	8	17	12	2	14
SY-06	8.8	可塑性亚黏土	25	5	2	10	28	16	2	12
SY-07	9.4	湿密性亚砂土	29	2	5	15	22	10	6	11
SY-08	10.0	灰黄色亚黏土	30	2	6	15	20	12	6	9
SY-09	10.6	含姜石亚黏土	24	2	5	17	19	15	2	16
SY-10	10.9	浅灰色亚砂土	32	3	7	7	15	15	5	16
SY-11	12.0	灰黄色亚砂土	38	3	6	5	18	11	8	11
SY-12	12.7	黄灰色亚砂土	37	5	6	5	12	10	10	15
SY-13	13.2	灰黄色亚砂土	35	5	8	5	15	11	8	13
SY-14	13.6	灰色粉砂	41	4	5	10	7	12	9	14
SY-15	14.8	黄褐色黏土	31	5	7	7	16	8	2	24
SY-16	15.5	灰黄色亚黏土	33	6	10	8	16	24	2	11
SY-17	16.5	灰黄色亚砂土	34	8	9	4	15	15	5	10
SY-18	17.4	灰黄色亚黏土	39	6	6	4	12	20	9	4
SY-19	18.2	黄灰色粉砂	46	7	6	5	10	20	5	11
SY-20	19.6	黑灰色中砂	52	5	5	7	11	18	15	16
SY-21	19.8	黄灰色亚砂土	45	5	7	5	12	16	8	2
SY-22	20.1	浅灰色亚砂土	47	3	9	6	14	10	6	15
SY-23	21.3	褐黄色亚砂土	38	3	10	10	14	12	5	8
SY-24	23.6	灰色亚黏土	37	2	12	7	8	15	7	12
SY-25	24.3	浅灰色亚砂土	35	5	15	7	22	16	2	16
SY-26	25.8	黑色细砂	55	3	9	9	13	20	13	6
SY-27	28.2	青灰色黏土	32	4	11	12	25	18	4	10
SY-28	28.7	浅灰色亚黏土	37	6	7	14	22	10	3	9
SY-29	29.7	灰色亚砂土	41	5	8	10	21	17	5	19
SY-30	30.5	灰褐色亚砂土	40	2	7	8	19	16	7	15

3.1.2　沉积物岩性描述及砷含量分析

　　研究区位于马营凹陷深凹区域的双寨村。在地下水的径流途径上,双寨村接近处于恒山北麓洪积扇前沿和黄水河的中心地方;在地下水化学环境上,双寨村的位置为还原环境区向深度还原区过渡;在含水层中砷浓度的对比上,对近似相同井深调查的地下水中砷的浓度,双寨村处于向高值过渡。因此,研究双寨村含水层中砷的垂向分布对于推断其他区域含水层在垂向上的分布有重要意义。钻孔揭露的地层岩性分布见图3-1。

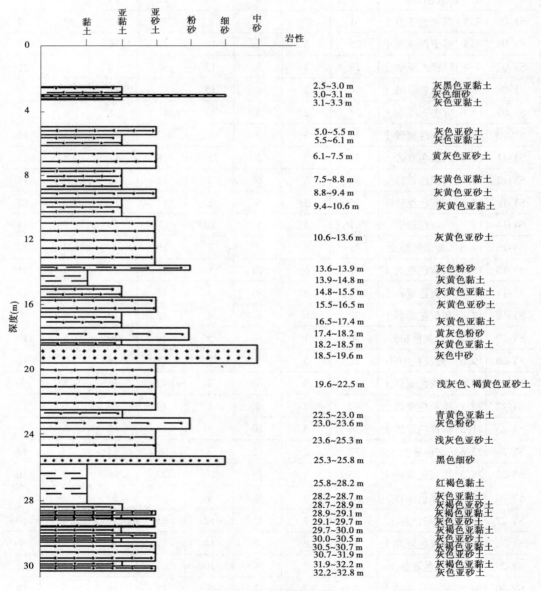

深度区间	岩性描述
2.5~3.0 m	灰黑色亚黏土
3.0~3.1 m	灰色细砂
3.1~3.3 m	灰色亚黏土
5.0~5.5 m	灰色亚砂土
5.5~6.1 m	灰色亚黏土
6.1~7.5 m	黄灰色亚砂土
7.5~8.8 m	灰黄色亚黏土
8.8~9.4 m	灰黄色亚砂土
9.4~10.6 m	灰黄色亚黏土
10.6~13.6 m	灰黄色亚砂土
13.6~13.9 m	灰色粉砂
13.9~14.8 m	灰黄色黏土
14.8~15.5 m	灰黄色亚黏土
15.5~16.5 m	灰黄色亚砂土
16.5~17.4 m	灰黄色亚黏土
17.4~18.2 m	黄灰色粉砂
18.2~18.5 m	灰黄色亚黏土
18.5~19.6 m	灰色中砂
19.6~22.5 m	浅灰色、褐黄色亚砂土
22.5~23.0 m	青黄色亚黏土
23.0~23.6 m	灰色粉砂
23.6~25.3 m	浅灰色亚砂土
25.3~25.8 m	黑色细砂
25.8~28.2 m	红褐色黏土
28.2~28.7 m	灰色亚黏土
28.7~28.9 m	灰褐色亚砂土
28.9~29.1 m	灰褐色亚黏土
29.1~29.7 m	灰色亚砂土
29.7~30.0 m	灰褐色亚黏土
30.0~30.5 m	灰色亚砂土
30.5~30.7 m	灰褐色亚黏土
30.7~31.9 m	灰色亚砂土
31.9~32.2 m	灰褐色亚黏土
32.2~32.8 m	灰色亚砂土

图 3-1　地层岩性分布图

图 3-1 揭示了地表下约 33 m 深的地层岩性分布情况。按照水文地质单元中潜水含水层和承压水含水层的划分原则:地表下约 13.9 m 以上为潜水含水层,含水层岩性以亚砂土为主,夹薄层的亚黏土;地表下 13.9 ~ 33 m 为浅层承压水含水层,其中 13.9 ~ 18.5 m 的地层岩性以亚黏土为主夹少量薄层亚砂土,这一段可以视为隔水层的顶板,而 25.8 m 以下亚黏土为主夹薄层亚砂土,视为隔水层的底板。地表下 18.5 ~ 25.8 m 为浅层承压水含水层中的给水层位置,其中夹有亚砂土,从 23.6 ~ 25.8 m 地层的颜色逐渐变黑,而 25.8 ~ 28.2 m 为红褐色黏土,同时这一段总体上介质颗粒大小从小到大的沉积顺序均表明含水层是冲洪积形成的,而不是湖积形成的。承压水含水层的主给水层推断是三个时期冲洪积形成的:18.5 ~ 19.6 m 为第一个时期;19.6 ~ 23.6 m 为第二个时期;23.6 ~ 25.8 m 为第三个时期。

地层中各深度代表段的样品中总砷含量见图 3-2。从图 3-2 可以看出在 13 号样品以前所代表土层中的砷含量属于一个等级,13 号(包括 13 号)以后的样品所代表土层中的砷含量为一个等级。12 号样品所代表的地层段为 13.6 ~ 13.9 m 的粉砂薄层,而 13 号样品所代表的地层段为 13.9 ~ 14.8 m 所代表的黏土层。这两个地层中砷含量等级的划分与水文地质单元中潜水含水层和浅层承压水含水层划分一致。

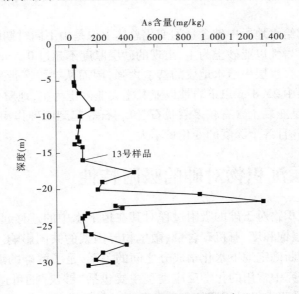

图 3-2　样品中总砷的含量分布

中国表层土壤样品中砷的分析结果显示,95% 的样品中砷的含量为 2.4 ~ 36.1 mg/kg,大于这个值可视为异常砷引起的。双寨村地表下 13.9 m 以内的土壤中砷含量平均值为 57 mg/kg,剔除 7 号高值后的平均值为 47 mg/kg。考虑到他们的采样深度仅达到母质层,深度在地表下 3 m 以上,所以随深度的增加,土层中砷含量的适当增加也可以视为正常。因此,在双寨村的地表下 13.9 m 以上的潜水含水层地层中的砷含量可视为在正常值范围内。

浅层承压水含水层中的土层的砷含量平均值为 290 mg/kg,在 17.4 ~ 22.7 m 段的平均值为 643 mg/kg,22.7 ~ 25.8 m 段的平均值为 115 mg/kg,25.8 m 以下的平均值为 212

mg/kg。王焰新等采集钻孔附近民用井中样品的砷含量为 1 932 μg/L(1999 年 12 月)和 1 530 μg/L(2001 年 9 月),课题组于 2009 年 10 月在相同的井中采集水样,样品中砷含量为 1 730 μg/L,井深 20 m。次年 9 月,课题组在原 20 m 深的水井附近重新钻井,测量新的集水井中砷含量为 241.8 μg/L。30 m 深的井只在 23 ~ 26 m 段设置了进水网孔,其余为隔水段。这表明在垂直方向上,含水层中的砷含量与土层中的砷含量有直接的关系,土层中的含砷矿物在一定条件下可以向地下水中释放出游离态的砷。即使同在一个承压含水层中取水,由于取水部位的不同、水井的结构不同以及取水量大小的不同,都可能引起所取水中砷含量的变化。

浅层承压含水层中出现三个不同砷含量地段的原因推测是含水层介质的性质和地质历史上形成土层的差异。在粗粒的含水介质中,如 23.0 ~ 25.8 m 的粉砂、细砂夹亚砂土介质中砷的含量相对为低值,这与介质的孔隙较大、含较少黏性矿物成分有关。而在 20.1 ~ 22.1 m 的亚砂土夹亚黏土介质中砷含量为异常高值,一是与孔隙小可以留滞上游来水中的砷,二是含有较多的黏性矿物成分,黏性矿物成分对砷有吸附作用。在地质作用历史上,粗粒的细砂、粉砂先从水流中沉淀下来,然后是亚砂土,然后是细粒的亚黏土、黏土。粗粒介质中二氧化硅的含量高,而细粒介质中蒙脱石、伊利石的含量高,它们可以吸附固定地下水中的砷。

承压含水层中的给水地段中砷含量的变化总体上说是由不同时期的冲洪积作用造成的。而在潜水含水层岩性以亚砂土为主,出现的砂层厚度不超过 0.5 m,表明洪积作用的营造力没有造成承压含水层中给水地段的营造力强,因而从补给区带来的原生矿物含量少。浅层承压含水层中 25.8 m 以下岩性以亚黏土夹亚砂土为主,地质营造力没有形成主给水段时期的强,但是亚黏土含有较多蒙脱石、伊利石等起到固砷作用,所以地层中含砷的均值也是很高的,并且各个深度的变化量不大。

3.2　不同地层沉积物对砷的吸附特性

含水层内固相沉积物对于砷的吸附过程对其在地下水中的迁移起着重要作用,但却受到介质类型、含水层饱和度、有机碳含量、微生物等因素的共同影响。根据典型沉积物的地球化学性质来判断确定地下水化学成分之间的关系,是了解砷的形成转化迁移的重要途径。溶质迁移研究中常用的化学反应类型主要包括"够快"的可逆反应和"不够快"的不可逆反应,也就是我们平时所谓的非平衡反应过程和平衡反应过程。

3.2.1　等温非平衡吸附试验

砷在固相介质上的吸附往往被认为是一个快速的非平衡吸附过程,可用动力学模型来加以分析。但实际上,吸附达到平衡经历了溶质在固液两相的表观反应快速平衡过程和后期长时间才能完成的慢速吸附过程。在本项研究中,砷在四种介质上的吸附动力学过程仅是指在 25 ℃下,介质吸附砷短时间内达到的表观平衡。

3.2.1.1　吸附理论概述

常用于描述土壤和黏粒中动力学吸附过程的方程有 Elovich 动力学方程、一级吸附速率方程、双常数速率方程(又称 Freundlich 修正式)、二级吸附速率方程等,本文选取三种进行吸附动力学模式分析。

1. Elovich 动力学模型

$$C_t = a + b\ln t \tag{3-1}$$

式中　C_t——t 时间内固体颗粒对溶质的吸附量,mg/kg;

　　　　t——反应时间,s;

　　　　a,b——Elovich 方程中的参数。

Elovich 方程可以用来揭示其他动力学方程所忽略数据的不规则性,主要用于描述重金属吸附、解吸的动力学过程。适用于活化能变化较大的反应过程,对于单一反应机制的过程不适合。其基本特点[108]是吸附速率随固体表面吸附量的增加而呈指数下降。

2. 双常数速率模型(Freundlich 修正式)

$$\ln C_t = \ln k + \frac{1}{m}\ln t \tag{3-2}$$

式中　m——双常数速率方程中的物性参数;

　　　　k——双常数速率方程中的速率常数;

　　　　其他字母含义同上。

双常数速率方程主要适用于反应较复杂的磷、砷、重金属的吸附、解吸动力学过程。在土壤砷、磷酸根吸附动力学过程中,具有很高的拟合度。

3. 一级扩散模型

$$\ln(Q_e - C_t) = \ln Q_e - K_a \tag{3-3}$$

式中　K_a——表观速率常数;

　　　　Q_e——沉积物介质最大吸附量,mg/kg;

　　　　其他字母含义同上。

一级扩散模型主要用于由扩散机制控制的能量变化不大、机制较单一的动力学方程,对于多种机制的反应过程不适用。

4. 二级速率模型

$$\frac{t}{C_t} = \frac{1}{K_b}Q_e^2 + \frac{t}{Q_e} \tag{3-4}$$

式中　K_b——相对扩散系数;

　　　　其他字母含义同上。

二级速率方程主要是用来描述物质在颗粒内部扩散机制控制过程的动力学,而对于液体膜内、颗粒表面的过程不适合。

3.2.1.2　试验方法

在事先准备好的 100 mL 的聚四氟乙烯塑料瓶中加入(2±0.01)g 的固相沉积物介质和 50 mL 初始浓度为 1.0 mg/L 的 As 溶液。在液相被倒入瓶子并立即密封后开始计时,放入(25±0.5)℃的水浴恒温振荡摇晃以 200 r/min 的转速摇晃,分 9 个不同的时间点考察固相介质对 As 的吸附情况,即 10 min、30 min、60 min、120 min、240 min、480 min、720 min、960 min、1 440 min。在设计的反应时间点快速用注射器抽出上清液并过 0.45 μm 滤膜以备检测液相中 As 的浓度,为了考察非平衡吸附结果的重现性,该试验被重复三次。

本次研究的试验土样分别为实验室自制砂样及山西山阴县地质钻探获取的砂样,四种含水层沉积物——黏土、亚黏土、细砂分别标记为 S1、S2、S3,实验室自制中砂样标记为 S4。各沉积物理化性质见表 3-2。

表 3-2　试验介质编号及理化性质

编号	岩性	深度(m)	pH	有机质(g/kg)	总砷(mg/kg)	颗粒配级(%)		
						>0.15 mm	0.15~0.05 mm	<0.05 mm
S1	黏土	5.8~5.9	7.8	2.054	8.4	17.07	54.24	28.69
S2	亚黏土	10.0~10.1	8.2	2.793	23.2	24.57	58.57	16.86
S3	细砂	13.4~13.6	8.0	2.093 4	7.6	42.41	42.82	14.78
S4	中砂	25.3~25.8	7.6	0.578 4	69.4	64.24	25.02	10.74

编号	岩性	SiO_2	Al_2O_3	Fe_2O_3	CaO	MgO	K_2O	Na_2O
					$\omega(\%)$			
S1	黏土	34.36	12.25	4.64	6.99	2.97	2.39	1.57
S2	亚黏土	35.79	12.71	5.57	4.89	3.18	2.28	1.73
S3	细砂	41.10	12.03	4.20	6.83	2.75	2.29	1.65
S4	中砂	50.59	10.54	3.40	9.36	3.31	1.95	1.52

3.2.1.3　沉积物对砷的吸附动力学行为分析

选用前面描述的三种等温非平衡反应动力模型对试验结果进行一元线性回归分析。拟合线与动力学方程如图 3-3 ~ 图 3-6 所示。

由图 3-3 可以看出,四种沉积物对 As(Ⅲ)、As(Ⅴ)的吸附随着反应平衡时间的延长,吸附量逐渐增加直至达到饱和,24 h 可以看作沉积物对 As(Ⅲ)、As(Ⅴ)吸附反应的平衡终点。

在吸附反应开始后较短一段时间内,沉积物对 As(Ⅲ)、As(Ⅴ)吸附曲线斜率较大,吸附速率较快,随着吸附反应的继续进行,吸附曲线斜率变小,吸附速率降低,吸附接近平衡,这表明 As(Ⅲ)、As(Ⅴ)在四种沉积物表面的吸附经历了两个较明显的过程:快反应阶段和慢反应阶段。其中,四种沉积物对 As(Ⅲ)的整个吸附过程在反应开始的前 60 min 内就达到了 80% 以上,对 As(Ⅴ)的反应相对而言较为缓和。以上现象可由两方面原因来解释:起初的快反应阶段,沉积物表面处于低饱和状态但此时体系具有高吸附能,当沉积物接触到外界低浓度 As 溶液时两相介质中较大的浓度差异性能够驱使溶质从液相迅速向固相转移,外界低浓度 As 很快就可以被沉积物直接吸附和固定,而随后可能是由于沉积物表面负电荷增加、吸附能降低,吸附体系开始逐渐进入慢速平衡期[73]。

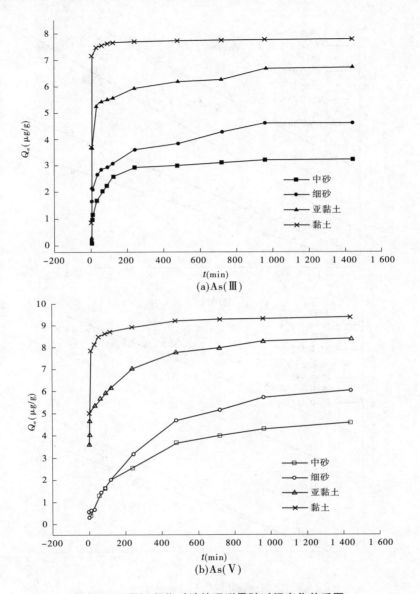

图 3-3　不同沉积物对砷的吸附量随时间变化关系图

　　由图 3-4 拟合结果可知,沉积物 S1、S2、S3、S4 对 As(V)的吸附速率较 As(Ⅲ)快,四种含水层介质对 As(Ⅲ)、As(V)的吸附速率均为黏土 > 亚黏土 > 细砂 > 中砂,As(V)比 As(Ⅲ)更容易受到沉积物的吸附,而 As(Ⅲ)在沉积物中的吸附比 As(V)稳定。

　　选用前三种动力学吸附方程对试验数据进行拟合,拟合分析结果见表 3-3。表 3-3 结果表明,Lagergren 二级速率方程对 S1、S2、S3、S4 吸附 As(Ⅲ)、As(V)拟合结果均最佳,相关系数 R^2 可达 0.8 以上。由 Lagergren 二级速率方程求得四种介质对 As(Ⅲ)、As(V)的最大吸附量分别为 7.59 μg/g 和 9.29 μg/g、6.60 μg/g 和 6.87 μg/g、5.71 μg/g 和 6.39 μg/g、1.59 μg/g 和 3.86 μg/g。

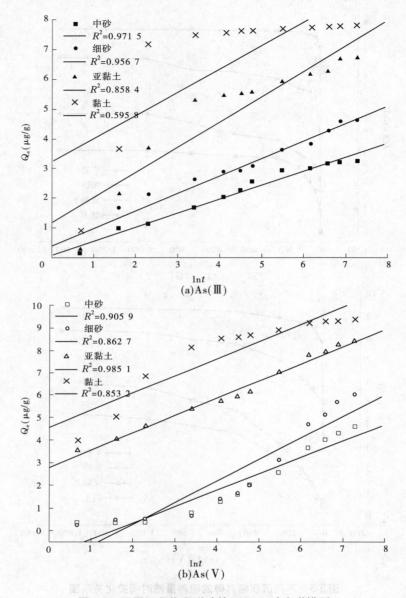

图 3-4　不同沉积物吸附砷的 Elovich 动力学模型

　　动力学方程拟合结果表明，Elovich 方程、双常数速率方程以及 Lagergren 二级速率方程拟合的相关系数均较高。以 Lagergren 二级速率方程最优，其相关系数（R^2 值）最大，其次是双常数速率方程和 Elovich 方程。Lagergren 二级速率最优说明吸附过程受到扩散机制的制约，该方程可以应用于沉积物吸附动力学过程的模拟。

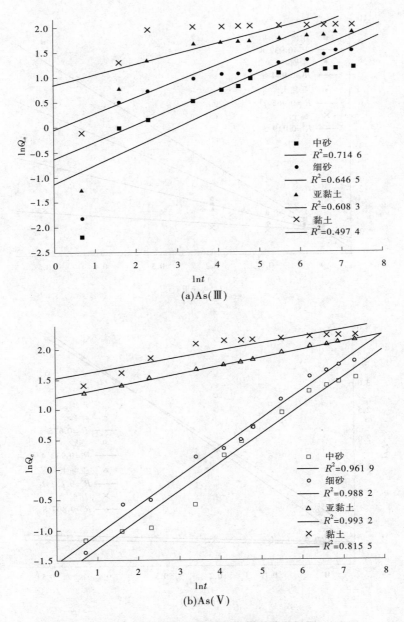

(a)As(Ⅲ)

(b)As(Ⅴ)

图 3-5 不同沉积物吸附砷的双常数速率模型

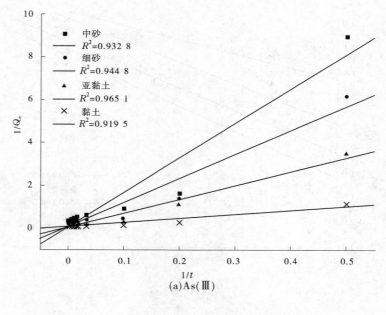

(a)As(Ⅲ)

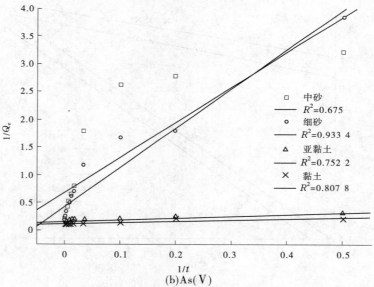

(b)As(Ⅴ)

图 3-6　不同沉积物吸附砷的 Lagergren 二级速率动力学模型

表 3-3　沉积物对砷的吸附动力学方程拟合相关参数

编号	Elovich 方程 $C_t = a + b\ln t$			双常数速率方程 $\ln C_t = \ln k + \dfrac{1}{m}\ln t$			Lagergren 二级速率方程 $\dfrac{t}{C_t} = \dfrac{1}{K_b}Q_e^2 + \dfrac{t}{Q_e}$		
As(Ⅲ)	a	b	R^2	k	m	R^2	Q_e	K_b	R^2
S1	4.52	0.52	0.79	4.67	11.33	0.77	7.59	0.04	0.93
S2	0.26	0.95	0.89	1.15	3.61	0.78	6.60	0.006 0	0.98
S3	−1.50	1.09	0.95	0.36	2.28	0.90	5.71	0.003 2	0.99
S4	−1.72	0.42	0.94	0.15	3.36	0.86	1.59	0.002 4	0.97
As(Ⅴ)	a	b	R^2	k	m	R^2	Q_e	K_b	R^2
S1	5.43	0.61	0.75	5.52	11.79	0.67	9.29	0.026	0.98
S2	2.55	0.80	0.98	3.30	7.49	0.99	6.87	0.036	0.75
S3	1.89	0.99	0.82	0.29	2.44	0.77	6.39	0.003 6	0.92
S4	0.92	0.80	0.81	2.01	5.93	0.81	3.86	0.002 7	0.86
备注	C_t——t 时间内固体颗粒对溶质的吸附量，mg/kg； a——初始吸附速率，mg/(kg·s) t——反应时间，s； b——Elovich 方程中的参数			C_t——t 时间内固体颗粒对溶质的吸附量，mg/kg； k——速率常数； t——反应时间，s； m——双常数速率方程中的参数			C_t——t 时间内固体颗粒对溶质的吸附量，mg/kg； K_b——相对扩散系数； t——反应时间，s； Q_e——最大吸附量，mg/kg		

3.2.2　等温平衡吸附试验

3.2.2.1　等温平衡吸附理论

　　等温吸附是一种热力学方法,在固定的温度下,固体去除溶质的能力是溶液中溶质浓度的函数。如果吸附过程比流速快,则溶质将与吸附相达到平衡状态,这一过程称为等温吸附平衡,这是一个够快的非均相表面反应的例子。

　　常见的模型有 Freundlich 吸附、Langmuir 吸附等。不同吸附过程有不同表示形式,如溶质浓度为定值时表示式、可逆的非平衡表示式、吸附平衡时表示式,本文选用以下三种吸附模式进行吸附平衡研究。

　　1. Tempkin 吸附模型

$$Q_e = a + K_t\ln C_e \tag{3-5}$$

式中　a——吸附模型相关参数；

　　　Q_e——固体颗粒表面吸附污染物的浓度,mg/kg；

　　　C_e——溶液中溶质浓度,mg/L；

　　　K_t——吸附平衡常数。

2. Freundlich 吸附模型

$$Q_e = K_f C_e^{1/n} \tag{3-6}$$

式中　K_f——吸附常数,表征吸附能力大小;

　　　$1/n$——表示吸附的非线性度;

　　　其他字母含义同上。

常数 n 与吸附强度有关,其值可反映等温线变化趋势,$1/n = 0.1 \sim 0.5$,吸附容易进行,$1/n > 2$ 时,吸附很难进行。Freundlich 吸附模型是在试验基础上得出的经验模型,可用来描述溶液中吸附质浓度中等时的吸附情况。

3. Langmuir 吸附模型

$$1/Q_e = 1/Q_m + 1/(K_1 Q_m C_e) \tag{3-7}$$

式中　K_1——吸附常数;

　　　Q_e——吸附平衡时固体颗粒表面吸附量,mg/kg;

　　　C_e——吸附平衡时溶液中的溶质浓度,mg/L;

　　　Q_m——沉积物介质最大吸附量,mg/kg。

Langmuir 吸附模型中各常数具有明显的物理意义,方程能够应用于各种浓度物质的溶液,该方程在实际中的应用十分广泛。

3.2.2.2　试验方法

等温平衡吸附试验采用批量试验方法,在事先备好的 50 mL 的聚四氟乙烯塑料瓶中加入(2 ± 0.01)g 砂质介质与理论初始浓度为 0 μg/L、100 μg/L、200 μg/L、500 μg/L、1 000 μg/L、2 000 μg/L、2 500 μg/L 的 7 个样品。密封后放入 25 ℃的水浴恒温振荡箱以 110 r/min 的转速摇晃 24 h,取样快速过 0.45 μm 滤膜检测液相 As 的浓度,试验设平行样。试验结果及拟合分析结果如图 3-7 ~ 图 3-10 所示。

吸附等温线提供了吸附反应能够进行的最大程度。由图 3-7 结果表明,随着As(Ⅲ)、As(Ⅴ)初始浓度的增大,四种沉积物对 As(Ⅲ)、As(Ⅴ)的吸附量均逐渐增加,但As(Ⅲ)、As(Ⅴ)的吸附量增加幅度逐渐降低,即吸附率下降。

沉积物对砷的吸附量与砷平衡浓度均具有较好的相关性,总体变化趋势也相似。沉积物在吸附砷过程中不只有一种平衡过程,平衡浓度较低时,吸附曲线斜率较大,当吸附达一定的平衡时,随着砷浓度增加,这种平衡被破坏,新的平衡体系建立,吸附曲线斜率变小,所以吸附曲线表现出先急剧增加,后缓慢增加直至趋于饱和的现象[74]。吸附等温线图暗示了吸着物浓度越高时,吸着物质被吸附的部分越来越少,浓度足够高时,吸着物已占据了所有能得到的吸附点位,再不会被吸附,这被称为吸着物的"突破"浓度,这可能对环境有极大的重要性,在这个浓度时,土壤中的物质不再具备延迟或阻止他们迁移的能力[75]。将试验数据代入以上方程中建立具体的吸附等温线,各方程参数见表 3-4。

由表 3-4 拟合结果可以看出,S1、S2、S3、S4 四种沉积物对 As(Ⅲ)、As(Ⅴ)的吸附以 Freundlich 方程和 Langmuir 方程拟合性最佳,相关系数均在 0.95 以上,达到了极显著水平,说明这两个方程都能很好地解释本试验的等温吸附试验,其中 S1、S2、S3、S4 对 As(Ⅲ)的吸附以 Freundlich 方程拟合最佳,相关系数达到 0.99 以上,对 As(Ⅴ)的吸附也以 Langmuir 方程拟合最佳,相关系数基本达到 0.95 以上;然而根据 Freundlich 方程 $1/n$

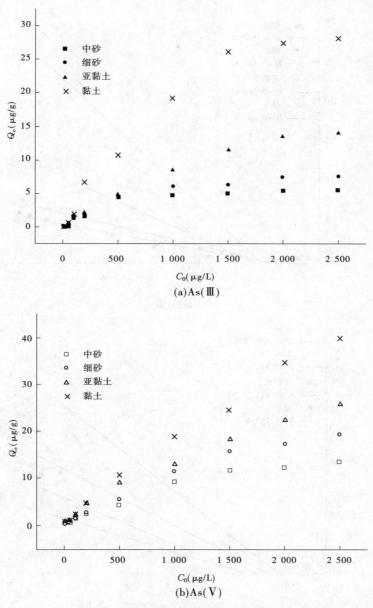

图 3-7　不同沉积物对砷的吸附量与初始浓度之间的关系

的数值可以看出,沉积物对 As(Ⅲ)的吸附大于 1,等温线是下凹型,而对 As(Ⅴ)吸附小于 1,等温线是上翘型。对于后者不可能有最大吸附量,因此基于 Langmuir 方程来模拟不合适。此外,Tempkin 方程拟合较差,相关系数较差,不适合于解释本试验等温吸附数据。

　　通过 Langmuir 方程计算求得,S1、S2、S3、S4 四种沉积物对 As(Ⅲ)和 As(Ⅴ)的最大吸附量分别为 81.97 μg/g 和 106.38 μg/g、24.10 μg/g 和 35.97 μg/g、22.03 μg/g 和 25.77 μg/g、11.90 μg/g 和 15.25 μg/g。由此可见,S1、S2、S3、S4 对 As(Ⅴ)的最大吸附容量

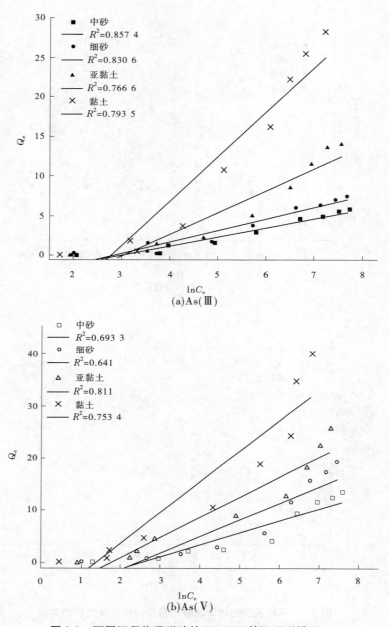

图 3-8　不同沉积物吸附砷的 Tempkin 等温吸附模型

大于对 As(Ⅲ)的最大吸附容量,其中以黏土的吸附效果最好,其次亚黏土、细砂、中砂吸附能力最弱。方程中 Q_m 和 K_1 的乘积可反映沉积物对砷的最大缓冲容量 MBC,由表中数据可得四种介质对 As(Ⅲ)、As(Ⅴ)的缓冲容量最大的为黏土 S1,其值为 0.019 μg/g 和 0.021 μg/g,最小的为中砂 S4,其值为 0.004 9 μg/g 和 0.014 μg/g,这与最大吸附量变化趋势基本一致。

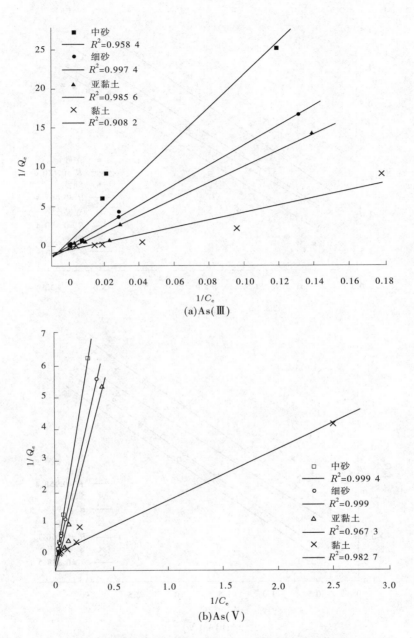

图 3-9　不同沉积物吸附砷的 Langmuir 等温吸附模型

　　Freundlich 方程中 n 是指数,反映吸附的非线性程度和吸附强度,n 越大表示束缚力越强[76],比较表 3-4 中常数 $1/n$ 可知,S1、S2、S3、S4 四种沉积物对 As（V）的吸附较 As（Ⅲ）的吸附更容易进行。方程中常数 K_f 为吸附作用力强度指标,K_f 值越大吸附作用力越强。从表 3-4 中 K_f 值可看出,沉积物对 As（Ⅲ）、As（V）吸附作用力大小均为黏土＞亚黏土＞细砂＞中砂,与最大吸附量及缓冲容量的变化趋势一致。

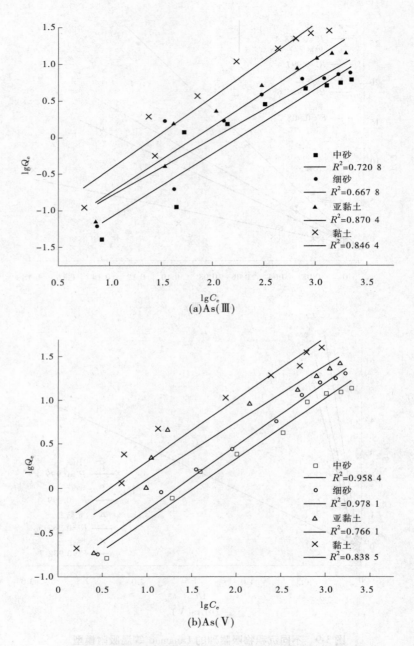

(a)As(Ⅲ)

(b)As(Ⅴ)

图 3-10　不同沉积物吸附砷的 Freundlich 等温吸附模型

表 3-4　各沉积物对 As 的等温吸附方程拟合结果

编号	Tempkin 方程 $Q_e = a + K_t \ln C_e$			Freundlich 方程 $Q_e = K_f C_e^{1/n}$			Langmuir 方程 $1/Q_e = 1/Q_m + 1/(K_1 Q_m C_e)$		
As(Ⅲ)	K_t	a	R^2	K_f	$1/n$	R^2	K_1	Q_m	R^2
S1	1.158	−3.46	0.86	0.01	0.876	0.72	0.000 24	81.97	0.96
S2	1.45	−4.06	0.83	0.024	0.798	0.66	0.000 54	24.10	0.99
S3	2.771	−8.44	0.77	0.025	0.772	0.87	0.000 58	22.03	0.99
S4	5.622	−15.49	0.79	0.038	0.768	0.84	0.000 42	11.90	0.91
As(Ⅴ)	K_t	a	R^2	K_f	$1/n$	R^2	K_1	Q_m	R^2
S1	2.28	−5.66	0.69	0.081	0.688	0.96	0.000 23	106.38	0.99
S2	3.15	−7.425	0.64	0.109	0.674	0.98	0.000 67	35.97	0.99
S3	3.808	−6.44	0.81	0.278	0.646	0.77	0.000 66	25.77	0.97
S4	5.87	−8.06	0.75	0.381	0.61	0.84	0.001 2	15.25	0.98
备注	a——Tempkin 方程相关参数； Q_e——固体颗粒表面吸附污染物的浓度，mg/kg； C_e——溶液中的溶质浓度，mg/L； K_t——吸附平衡常数。			Q_e——固体颗粒表面吸附污染物的浓度，mg/kg； C_e——溶液中的溶质浓度，mg/L； K_f——吸附常数，表征吸附能力大小； $1/n$——表示吸附的非线性度			K_1——吸附常数； Q_e——吸附平衡时固体颗粒表面吸附量，mg/kg； C_e——吸附平衡时溶液中的溶质浓度，mg/L； Q_m——沉积物介质最大吸附量，mg/kg		

3.3　环境因素对沉积物吸附砷的影响

　　沉积物的吸附－解吸作用是控制砷在地下水中迁移转化的决定性因素。据相关学者研究,地下水中砷的行为主要受到沉积物的组成、pH、有机质、化学沉淀等多种因素共同作用的影响[77]。因此,在此我们以研究区为例,对其环境因素对沉积物吸附砷的影响做相关分析。

3.3.1　pH 对不同含水层介质吸附砷的影响

3.3.1.1　试验方法

　　试验采用一次平衡法进行。As(Ⅲ)标准储备液(pH ≈6.8)由 As₂O₃ 配制,As(Ⅴ)标准储备液(pH≈6.8)由 Na₃AsO₄·12H₂O 配制。试验中所用溶液均有砷标准储备液逐级稀释得到。

称取两组 2.00 g 沉积物土样(黏土 S1，亚黏土 S2，细砂 S3，中砂 S4)，于一系列 50 mL 聚四氟乙烯塑料瓶中分别加入 20 mL 浓度为 1 000 μg/L 的 As(Ⅲ)、As(Ⅴ)溶液，用 10% 的 HCl 和 0.1 mol/L 的 NaOH 调节溶液 pH，充分摇匀后置于(20 ± 1)℃条件下，180 r/min 的水浴恒温箱振荡器中振荡 24 h 后静置使其自然沉降，取上清液过滤。采用氢化物发生—原子荧光光度计(AFS - 830)测定上清液中 As(Ⅲ)、As(Ⅴ)浓度。

3.3.1.2　结果与分析

pH 可以改变 As 的形态和土壤胶体表面电荷，对土壤吸附 As 影响较大。pH 降低时，土壤表面正电荷增加，As 吸附能力增强；pH 升高时，土壤表面负电荷增加，As 吸附能力降低。As 大多数以阴离子存在；当 pH < 9.2 时，含 As(Ⅲ)离子在水介质中主要以 H_3AsO_3 形式存在；当 pH > 9.2 时，主要以 $H_2AsO_3^-$ 形式存在；在 pH = 2 ~ 7 范围内，As(Ⅴ)主要以 $H_2AsO_4^-$ 形式存在；在 pH = 7 ~ 10 范围内主要以 $HAsO_4^{2-}$ 形式存在；pH > 10 时，主要以 AsO_4^{3-} 阴离子形式存在。

图 3-11 是 pH 对 As(Ⅲ)、As(Ⅴ)的吸附影响曲线图。从图可以看出，pH 对 As(Ⅲ)、As(Ⅴ)在沉积物表面吸附产生显著的影响，pH = 2.0 ~ 6.0 范围内，As(Ⅲ)、As(Ⅴ)吸附量均随 pH 的升高而增加；pH = 6.0 ~ 8.0 范围内，As(Ⅲ)吸附量随 pH 升高基本保持不变，As(Ⅴ)吸附量随 pH 的升高而减小；pH = 8.0 ~ 10.0 范围内，As(Ⅲ)吸附量随 pH 升高而减少，As(Ⅴ)吸附量随 pH 的升高先有小幅度增加后急剧下降。由图亦可见，四种沉积物对 As(Ⅲ)、As(Ⅴ)的吸附均存在最佳 pH 范围(pH = 6.0 ~ 8.0、pH = 5.0 ~ 6.0)，在此 pH 范围内吸附量达最大。

酸性或弱酸性条件下，As(Ⅲ)在环境中主要以分子态形式存在，而分子态比较难被沉积物吸附。随着 pH 的升高，分子态 H_3AsO_3 的解离度增加，生成 $H_2AsO_3^-$ 浓度大大增加，更容易和带正电荷的沉积物矿物表面结合，故吸附量增加，从而提高了沉积物对 As(Ⅲ)的吸附量。另一方面，随着 pH 继续升高到 ≥ 9 时，虽然 $H_2AsO_3^-$ 浓度更高，但溶液中 OH⁻ 也大大增加，使得沉积物胶体上正电荷减少，负电荷增加，从而使 As(Ⅲ)吸附量减少。大量文献表明，土壤对 As(Ⅲ)吸附最大值出现在 pH = 7.0 ~ 8.0，和本试验结果一致，随着 pH 的进一步增加或降低，吸附量将减小[78]。

As(Ⅴ)在沉积物中吸附存在着交换机制。当 pH = 2 ~ 6、溶液呈酸性时，As(Ⅴ)主要以 H_3AsO_4、$H_2AsO_4^-$ 形式存在，随着 pH 增加，$H_2AsO_4^-$ 数量增多，带电量增加且溶液中含较少量的 OH⁻，几乎不与 $H_2AsO_4^-$ 竞争吸附点位，沉积物对 As(Ⅴ)的吸附能力增强，吸附量增大；当 pH = 6 ~ 10 时，As(Ⅴ)主要以 $H_2AsO_4^-$、$H_2AsO_4^{2-}$ 形式存在，随着体系 pH 升高，$H_2AsO_4^{2-}$ 数量增多，溶液中 OH⁻ 增多，OH⁻ 与 $H_2AsO_4^{2-}$ 竞争吸附点位，从而使沉积物对 As(Ⅴ)的吸附量减少。当 pH > 10 时，As(Ⅴ)主要以 $H_2AsO_4^{2-}$、AsO_4^{3-} 形式存在，随着 pH 升高，$H_2AsO_4^{2-}$、AsO_4^{3-} 所占比例增多，沉积物胶体表面负电荷增多，静电斥力使砷吸持能力大幅度降低，从而减少了沉积物对砷的吸附量。

研究表明[79]，砷通过配位交换发生专性吸附反应，H⁺、OH⁻ 直接或间接地参与砷的吸附过程，pH 的变化可以促进沉积物表面配位含砷根离子缔合或离解，进而影响沉积物表面对砷的吸附。此外，沉积物对酸碱环境具有一定的缓冲能力，使得其在 pH > 7 或

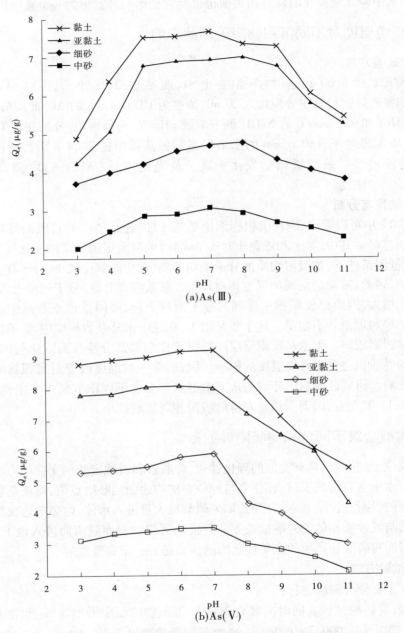

(a)As(Ⅲ)

(b)As(Ⅴ)

图 3-11　不同沉积物对砷的吸附量随 pH 变化关系图

pH <7的条件下对砷的吸附有一定影响作用[80]。

　　研究区内的沉积物中都含有一定的黏土矿物,如伊利石、绿泥石等。当 pH >8 时,大部分矿物质都是带负电荷的,这会降低黏土矿物对砷的吸附量,有利于砷的解吸。此外,由图 3-11 可以看出,pH 对沉积物吸附 As(Ⅴ)的影响更为显著,在 pH 超过 6 时,吸附量急剧下降。相关研究表明,pH 在 5.0 ～ 9.0 的范围内,K_d 可以减小数百倍。研究区内的 pH 与地下水中砷含量存在的良好相关性也说明它是影响砷富集的一个重要因素。

3.3.2　环境温度对不同沉积物吸附砷的影响

3.3.2.1　试验方法

分别称取两组 2.00 g 沉积物样品(黏土 S1,亚黏土 S2,细砂 S3,中砂 S4),于一系列 50 mL 聚四氟乙烯塑料瓶中分别加入 20 mL 浓度为 1 000 μg/L 的 As(Ⅲ)、As(Ⅴ)溶液,用 10% 的 HCl 和 0.1 mol/L 的 NaOH 调节溶液 pH = 7,充分摇匀,分别在 5 ℃、10 ℃、15 ℃、20 ℃、25 ℃条件下,180 r/min 的水浴恒温箱振荡器中振荡 24 h 后静置使其自然沉降,取上清液过滤。采用氢化物发生—原子荧光光度计(AFS—830)测定上清液中 As(Ⅲ)、As(Ⅴ)浓度。

3.3.2.2　结果与分析

从图 3-12 中可以看出,四种沉积物无论是 As(Ⅲ)还是 As(Ⅴ),吸附量均出现随温度而递增的趋势。其中,黏土和亚黏土对于 As(Ⅲ)的吸附量随温度的变化较为显著。吸附理论称,低温条件下,被吸附物质的分子平均动能、活化能都比较小,分子在吸附点位上的各种平动、转动、振动的空间位置也相对较小。随着温度升高,分子运动更为活跃,所需空间也随之增大,因而单位面积上排列的分子数目下降,吸附量也不断减少。但图 3-12 所显示的结果与理论并不相符。这主要是因为,在地下水复杂的环境中,影响沉积物吸附的物理化学因素较多。无论是吸附反应还是沉淀作用都部分涉及到活化能的问题,且沉积物自身的性质也会受到环境温度的影响。因此,单一的温度改变对沉积物的吸附并未产生明显影响。研究区内封闭环境的地下水温虽然会在不同季节发生一定变化,但基本常年保持在 11 ℃左右,因而沉积物对砷的吸附相对影响较小。

3.3.3　磷酸盐对不同沉积物吸附砷的影响

砷和磷位于同一族,具有类似的理化性质,砷酸根和磷酸根的热交换动力学也极为相似。当地下水中含有磷酸根时,往往会与砷争夺矿物表面的吸附点位,形成竞争吸附。由于矿物表面的吸附点位是基本恒定的,如果磷酸根大量进入水体,则必然造成原本在黏土矿物表面的与其性质相似的砷酸根或亚砷酸根从沉积物表面脱离而进入地下水中,造成砷污染。因而对磷酸盐产生的竞争性吸附的研究是有一定必要性的。

3.3.3.1　试验方法

本研究主要分为两组进行:

(1)P 浓度影响试验。同时向装有 2.00 g 沉积物的瓶中添加含 As 和含 PO_4^{3-} 的溶液,As 浓度确定为 1 000 μg/L,PO_4^{3-} 浓度分别设置为 0 mg/L、50 mg/L、100 mg/L、150 mg/L、200 mg/L,不调节溶液 pH。溶液最终体积均为 20 mL,摇匀,置于(20 ± 1)℃条件下,180 r/min 的水浴恒温箱振荡器中振荡 24 h 后,静置使其自然沉降,取上清液过滤。采用氢化物发生—原子荧光光度计(AFS－830)测定上清液中 As 浓度。

(2)P 添加顺序影响试验。按三种方式处理(①As 先于 P 12h 添加;②As 与 P 同时添加;③As 后于 P 12h 添加)加入含 As 和含 P 溶液,As(Ⅲ)、As(Ⅴ)浓度均设为 1 000

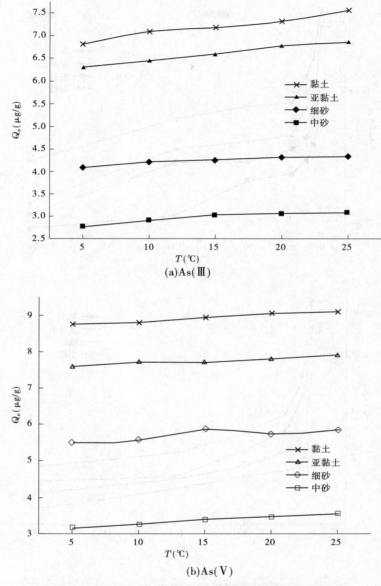

图 3-12　不同沉积物对砷的吸附量随温度变化关系图

μg/L,P 浓度为 400 mg/L,不调节溶液 pH。

3.3.3.2　结果与讨论

由图 3-13 可以看出,PO_4^{3-} 浓度对沉积物吸附 As 影响较大。随着 PO_4^{3-} 浓度的增加,沉积物对砷的吸附容量逐渐降低。初始 PO_4^{3-} 浓度较低时,吸附曲线变化较陡峭,随着 PO_4^{3-} 浓度逐渐升高,沉积物对 As 的吸附曲线逐渐趋于平缓。当 PO_4^{3-} 浓度从 0 增加到 200 mg/L 时,四种沉积物对 As(Ⅲ)和 As(Ⅴ)的吸附量分别为 85.8%、111.2%、128%、157%,82.8%、88.7%、93.6%、109%。随着 PO_4^{3-} 初始浓度的进一步增加,吸附

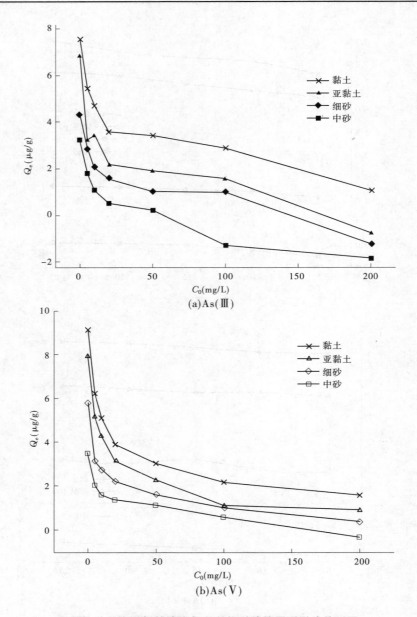

(a)As(Ⅲ)

(b)As(Ⅴ)

图 3-13   不同 P 初始浓度与沉积物对砷的吸附影响关系图

曲线逐渐趋于平缓，As 吸附量变化不大。由此可以看出，当溶液中的 PO_4^{3-} 浓度较高时，沉积物对砷的吸附能力影响减少。Goh[81] 等在对热带地区土壤进行研究时也得出了类似结论，当增加的磷酸盐浓度超过 3 mmol/L 时，几乎看不出其对土壤吸附 As 带来的影响。实际上，矿物组分中的 Fe、Al 等成分对于磷酸根的吸附能是远大于 As 的，但高浓度 PO_4^{3-} 对沉积物吸附 As 能力影响减弱的结果则表明，PO_4^{3-} 与 As 在沉积物中的竞争吸附机制是相当复杂的。两者之间的竞争主要集中发生在非专性吸附点位上。一些专性吸附点位对于 AsO_4^{3-} 和 PO_4^{3-} 的吸附具有相对选择性，在这些点位上不会发生两者的竞争吸附。此外,随着反应的进行,沉积物表面吸附逐渐趋于饱和,即使 PO_4^{3-} 浓度再增加,其对 As 吸附的影响作用不显著。

不同 P 的添加顺序对 As 吸附的影响程度不同。其中,以处理③:As 后于 P 度 12 h 添加对沉积物吸附 As 的抑制作用最为强烈;其次是处理②:As 与 P 同时添加;处理①:As 先于 P 化 12 h 添加对沉积物吸附 As 抑制作用最弱。具体吸附量的变化见表 3-5。

表 3-5　不同 P 添加方式下砷吸附量

岩性	As(V)	1	2	3	As(Ⅲ)	4	5	6
	吸附量(μg/g)							
S1	8.635	3.152	0.688	0.576	7.630	2.384	0.192	-0.801
S2	7.075	1.216	-0.752	-1.042	3.880	0.160	-1.008	-1.442
S3	4.475	0.561	-1.424	-1.521	4.440	-0.496	-2.192	-2.403
S4	3.225	-1.375	-1.856	-2.288	1.501	-0.960	-2.404	-2.512

由表 3-5 可以看出,在试验规定的时间内,对黏土 S1,三种处理中 As(Ⅲ)的吸附量由 7.630 μg/g 降为 2.384 μg/g、0.192 μg/g、-0.801 μg/g,分别降低了 68.75%、97.48%、110.48%,As(V)的吸附量由 8.635 μg/g 降为 3.152 μg/g、0.688 μg/g、0.576 μg/g,分别降低了 63.50%、92.03%、93.32%。对中砂 S4,As(Ⅲ)的吸附量降低了 164.0%、260.27%、267.47 %,As(V)的吸附量降低了 142.64%、157.55%、170.95%。发生以上情况的主要原因在于,在处理 ③中 P 先占据了沉积物表面的吸附位点,从而阻止了 As 与沉积物表面吸附位点的结合;在处理①中,As 先于 P 占据沉积物表面的吸附位点,对后期进入的 P 在沉积物表面的吸附点位产生抑制作用。由于竞争吸附,先被吸附的离子逐渐返回到溶液中,后加入的 P 浓度越高返回溶液中离子越多,吸附容量降低亦越多[82]。这些说明 P 和 As 具有相同或相似的吸附位点。可见,P 的存在及不同添加顺序不仅抑制了 As 在沉积物表面的吸附,而且还促进了沉积物表面吸附态 As 的释放。可见,在高浓度负荷的 As、P 共存的沉积物中,As 的活性远高于 As 单独存在时的活性,使砷毒害作用增强[83]。

3.4　山阴地区高砷水形成机制

3.4.1　地质成因

大同盆地内存在砷的地球化学异常带,其主要的原生污染源为周边富含砷的基岩。由于干旱的气候导致研究区内的蒸发量较大,表面径流水的冲蚀搬运作用并不明显[84],大量的金属元素在湖盆地沉积物等各种介质中富集,形成砷污染生态系统。

从中更新统晚期到上更新统,由于构造运动的影响,古气候也逐渐变得干冷,此时大同盆地古湖由统一的大湖被肢解为小湖并消亡。此段时间期内发育的小规模坡积、冲洪积相岩层与湖积相地层交错沉积后形成一系列局部含水层。此时期干冷的气候,强烈的蒸发作用使得湖泊水体逐渐浓缩。高度浓缩的湖水一方面通过水岩相互作用影响沉积物中有机－无机物的含量，另一方面通过地下水循环系统影响研究区域高砷地下水的形成。赵伦山[61]等通过 ^{3}H 法得知大同盆地地下水年龄在 1 000～12 000 年，是非常古老的地下水。该时期沉积物中的砷含量大大高于周围基岩，这些岩层在后期地表水－地下水循环系统中作为地下水的主要含水系统参与研究区的地下水环境地球化学演化，成为地下含水层中砷的主要来源。在本次的调查过程中发现，研究区的桑干河南岸地区，虽然具有相同的高砷物源，但砷中毒的病区只发生在断裂控制的马营凹陷地区。从水文地质环境上看，该区处在区域地下水的补给地带，但该处地势低洼，沉积物的颗粒较小，径流不畅，加之其干旱－半干旱的外部气候环境，使得岩石内溶滤出来的砷元素不断富集。

3.4.2　环境成因

地球化学研究结果证明，以地面作为基准，垂向结构上可以简单划分为地表 Eh > 0 的氧化水层与地下 Eh < 0 的还原性水层，且两者之间必然存在一个 Eh = 0 的氧化还原界面。研究区内此临界沉积物剖面出现在有机碳含量较高的距地表较近的泥炭质层。风化作用使得盆地两侧内山区岩石中的砷元素以 $HAsO_4^{2-}$ 形式被径流带入盆地，并沿断裂裂隙渗入深层。砷在氧化还原界面以上时主要呈五价的形式存在，渗入到界面之下的砷可与有机质或二价铁矿物反应形成三价砷，可有以下反应式：

$$4FeAsS + 13O_2 + 6H_2O = 4FeSO_4 + 4H_3AsO_4$$

前期研究结果表明，研究区处于深度还原环境，该环境为地下水中砷的富集创造了良好条件。在富含有机质的地层中，腐殖酸、富里酸等在细菌或微生物的作用下发生分解，产生大量的 CO_2 和 H_2O，形成还原环境，在封闭—半封闭的沉积环境中，CO_2 与碳酸钙反应，一方面使得水体中 pH 增加，另一方面释放出吸附在碳酸钙上的砷。这种高 pH、低 Eh 的环境下、铁锰氧化物被还原成低价态可溶性铁、锰，其他水合物或者矿物对砷的吸附性能也逐渐降低。由上一节的研究可以看出，沉积物对砷的吸附存在良好的相关性，在距离地表较近的以黏土、亚黏土为主的弱透水层中，其还原环境相对较弱，由于还原作用释放出来的砷易被沉积物中的铁锰氧化物或氢氧化物再次吸附，因而此处砷含量并不高。而在距离地表较深的砂质含水层中，Eh 进一步降低，还原作用明显，含水层中发生还原作用，形成亚铁矿物，并释放 As。沉积物中可交换态砷在水交替缓慢的条件下，经过长期的水岩相互作用，逐渐形成目前的高砷地下水。

此外，研究区内实际调查时，我们发现居民手压井内存在浓烈刺鼻的 H_2S 气味，经检测发现抽出的新鲜高砷地下水中 H_2S 浓度高达 140 μg/L，需曝气 1.5 h 才能将其完全去除，这也从另外一方面证实了含水层的还原条件，因为只有高压还原条件下 H_2S 才能溶解于水体。含水层中除发生 As(Ⅴ)→As(Ⅲ) 的还原反应外，也存在 SO_4^{2-} 被还原为 H_2S 的反应。地下水处于强还原环境时，其内部的 SO_4^{2-}、NO_3^- 都易被还原为硫化氢或者氨气等低价化合物，当硫化物含量达到一定条件时，可与水中的砷及亚铁离子反应产生 FeAsS沉淀。但因研究区内普遍存在的 Fe 含量都比较低，所以我们推断这种情况的发生，只出现在局部地区。

3.5　研究总结

通过对研究区采集的沉积物的 XRD 分析及相关化学分析,可以看出,沉积物中的黏土矿物含量相对较高,其次还含有石英、长石类矿物等。从沉积物的纵向岩性剖面图上可以看出,结构上由亚砂土、亚黏土到砂质含水层的过渡。化学成分分析结果则表明,砂质颗粒介质中主要以 SiO_2 为主,黏土矿物含量相对较少。山阴地区地下 33 m 以内潜水含水层土层中砷含量平均值为 47 mg/kg,稍稍高于中国的土壤中砷含量的平均值。而浅层承压含水层土层中砷含量平均值为 290 mg/kg,与该含水层中高砷地下水有直接关系。浅层承压含水层土层中砷含量随深度呈现不同的变化,这主要与含水介质性质和地质作用历史有关。总体呈现出粗粒的含水介质中砷含量相对低,细粒的含水介质中砷含量高的现象。

沉积物对砷的吸附反应动力学试验结果表明:动力学吸附过程符合二级速率方程。由 Lagergren 二级速率方程求得四种介质对 As(Ⅲ)、As(Ⅴ) 的最大吸附量分别为 7.59 μg/g 和 9.29 μg/g、6.60 μg/g 和 6.87 μg/g、5.71 μg/g 和 6.39 μg/g、1.59 μg/g 和 3.86 μg/g。四种沉积物对 As(Ⅲ)、As(Ⅴ) 吸附速率、吸附容量顺序均依次为:黏土 > 亚黏土 > 细砂 > 中砂。等温平衡吸附试验表明:四种沉积物对 As(Ⅲ)、As(Ⅴ) 的吸附以 Freundlich 方程和 Langmuir 方程拟合性最佳,相关系数均在 0.95 以上。Freundlich 方程则表明,四种沉积物对 As(Ⅴ) 的吸附较 As(Ⅲ) 的吸附更容易进行。方程中常数 K_f 为吸附作用力强度指标,沉积物对 As(Ⅲ)、As(Ⅴ) 吸附作用力大小均为黏土 > 亚黏土 > 细砂 > 中砂,与最大吸附量及缓冲容量的变化趋势一致。通过对砷最大吸附量与沉积物基本理化性质之间的相关性分析可知,沉积物对砷的吸附性能受沉积物颗粒大小、矿物成分以及总砷等综合作用的影响,而非各组分吸附砷的简单加和。

地下水环境中沉积物对砷的吸附是一个非常复杂的过程。环境因素影响试验表明,As(Ⅲ) 吸附最佳 pH 在 7~8 范围内,As(Ⅴ) 吸附最佳 pH 在 5~6 范围内,增加或降低 pH,均不利于砷的吸附,其作用机制是静电吸附、表面沉淀的共同作用。温度条件的改变对于沉积物对砷的吸附影响并不明显。而磷酸根的存在对于砷在沉积物上的吸附有相当大的竞争性影响,且不同磷酸盐的添加顺序对于砷的吸附影响存在很大的差异性,这也从侧面反映出磷酸根与亚砷酸根的竞争吸附主要体现在其对沉积物表面吸附点位的竞争上。

结合第 2 章的研究结果,我们可以总结出研究区高砷地下水的形成是地质成因和环境成因共同作用的成果(见图 3-14)。但当地的地质背景并非高砷地下水富集的主要因素。在水岩相互作用强,含水层地球化学环境适于砷迁移和富集的自然条件下,含水层中的砷往往浓度较高。但研究区的砷迁移主要发生在强还原环境条件下。盆地内冲积湖沉积物中富含有机质的厌氧环境,才是促使高砷含水层形成的主要原因。

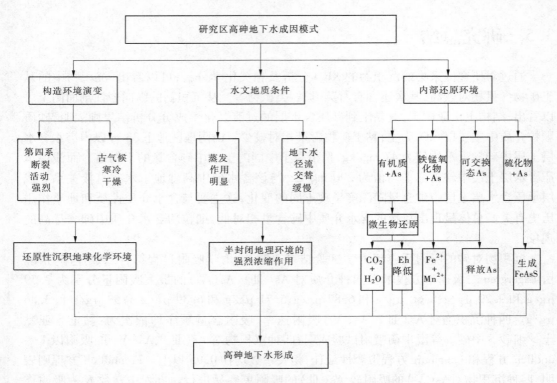

图 3-14　研究区高砷地下水成因

第 4 章　铁元素在含水层中的迁移转化规律

4.1　铁的水文地球化学

4.1.1　铁的物理化学性质

铁是一种具有延展性的白色金属。按其晶体结构不同可以分为 α、β、γ、δ 等多种同质异象体或同素异形体。纯 γ 铁的密度为 $8.1\ g/cm^3$，熔点为 $1\ 535\ ℃$，其原子序数为 26，是周期表中Ⅳ周期的第Ⅷ族元素。

铁族元素之间化学性的相似性，以及因此而表现出地球化学特征的相似性，可由这些元素的电子增加的方式来说明。该族元素的某一序号原子变为下一序号的原子时，宜在次外层 M 层轨道上增加一个电子，最外层 N 层的电子则没有变化。这一现象意味着电子和核的结合力的加强、相邻元素的原子半径趋于相等（有利于类质同象置换和元素的天生）、电离势和电价也趋于相等。并且这种内层电子充填，引起离子结构的不对称性，因而导致发生染色且变价时颜色将发生变化。如三价铁有强烈的褐红色染色性，是自然界最普遍又最强烈的染色剂。此外内层电子充填还可能加强化合物的磁性。

铁有 +2 价和 +3 价两种氧化状态，两者都可以以离子形式存在于酸性溶液，以氢氧化物形式存在于碱性溶液。铁的氢氧化物在浓碱性溶液中会部分溶解，产生三价铁离子，以 FeO_2^- 形式存在，而亚铁离子则被氧化为三价铁离子。铁的高价态形式，如 Fe(Ⅳ)和 Fe(Ⅵ)，只有在强碱性溶液中才是稳定的，当酸化时，会迅速地放出氧。

铁元素本身的电价可变性具有重要的地球化学意义。在不同的自然环境中，不同的 pH、Eh、氧气条件下，铁将以不同价态溶解或者析出。

自然界中不存在游离状态的 FeO，尽管铁易与氧化合生成一系列的氧化物。这些氧化物在不同的条件下可以发生一系列的转化，见图 4-1。

4.1.2　铁砷水文地球化学关系

4.1.2.1　铁 – 氧系统

地下水中参与氧化还原反应的金属元素以铁的丰度最高，分布最广。控制铁元素氧化态的主要因素是地下水体系中最强氧化剂和最强还原剂的活度。Fe 的氧化态迁移速率小于还原态，因为其高氧化态的水解能力高于还原态。难溶氢氧化物的形成，减弱其迁移能力。氧气(O_2)是地下水中最强的氧化剂。在地层内，消耗的氧气是得不到补充的，所以深部地下水中一般都缺乏自由氧。在氧化带内，Fe^{3+} 的活度没有达到 $Fe(OH)_3$ 的溶度积时，铁的可能形式中具有最大稳定场的是 $Fe(OH)_3^0$。在还原环境内，pH < 8 时，只有 Fe^{2+} 存在。pH > 8 时，会有 $FeCO_3$ 的沉淀，随后才是 $Fe(OH)_2$ 的优势场。

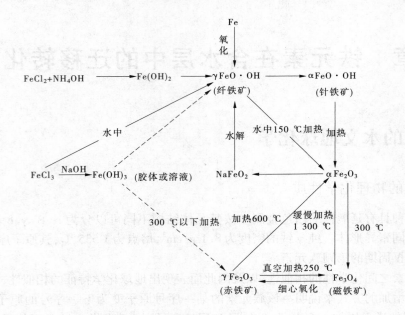

图 4-1　铁的各种氧化物相互转化关系

深部地下水系统中的 Eh 值一般都很低,pH 约比 8 小一些,铁以溶解的 Fe^{2+} 存在,靠近补给区,地下水中可能有充足的溶解氧,使 Eh 值升高。由于水流经含水层时与还原组分接触,氧减少了,Eh 值变低。氧可能与少量的二价铁反应形成 $Fe(OH)_3$,$Fe(OH)_3$ 可形成胶体,并且可能随地下水通过含水层。在 Fe^{2+} 存在的 Eh – pH 范围内,可能存在大量的溶解性铁,如图 4-2 所示。

4.1.2.2　铁 – 硫系统

地下水中的硫主要来自硫化矿物和有机物质分解产物。一般地下水中主要有 SO_4^{2-}、H_2S、HS^-。当温度为 0 ~ 80 ℃时,在 pH = 4 ~ 10.5 范围内,微生物对于 H_2S 的形成是十分积极的。硫酸根同有机物和氢的反应有利于 H_2S 的出现,而且与介质的氧化还原无关。由于脱硫作用而形成的 H_2S,它本身就为介质提供氧化还原反应,因此在脱硫作用进行的条件下,还原介质是 H_2S 出现的结果,而非原因。

地下水中铁的硫化物的出现,严格地受到硫的氧化还原条件的限制。硫化物的上限是不会超过 H_2S 和 HS^- 出现的上限。所以,硫化氢的出现是铁转移的一大障碍。但是在地壳深部所谓的氢硫化物碱性水却含有很高的二价铁,当这种水由地下深部往上运动时,pH 降低,这时就形成了黄铁矿。

$$Fe(HS)_3^- + H^+ = FeS + 2H_2S$$

地壳中的铁质多半分散在各种岩浆岩和沉积岩及第四系地层中,都是难溶性的化合物,这些铁质大量进入地下水中的途径有:

(1)含有碳酸的地下水能够对岩层中的二价铁氧化物产生溶解作用生成菱铁矿,其主要的反应方程式为:

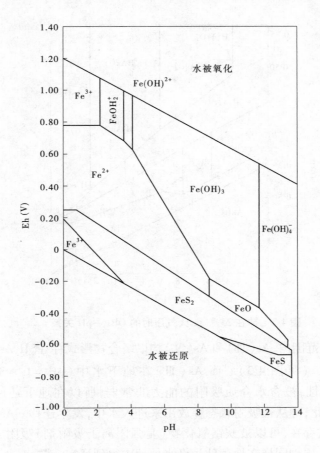

图 4-2　标准条件下溶解铁的稳定场 Eh – pH 关系

$$FeO + 2CO_2 + H_2O = Fe(HCO_3)_2$$

$$FeCO_3 + CO_2 + H_2O = Fe(HCO_3)_2$$

（2）三价铁被还原为二价铁而在水中溶解迁移，相关化学方程式为：

$$Fe_2O_3 + 3H_2S = 2FeS + 3H_2O + S$$

$$FeS + 2CO_2 + 2H = Fe(HCO_3)_2 + H_2S$$

（3）在氧气存在条件下，铁的硫化物能够被氧化并溶于水中，化学方程式为：

$$2FeS_2 + 7O_2 + 2H_2O = 2FeSO_4 + 2H_2SO_4$$

（4）地下水中有机物质如有机酸等能够将岩层中的三价铁还原，直接通过溶解二价铁的方式将其溶于水中，此外它们还可以与铁形成更为复杂的有机铁。

4.1.2.3　地下水环境中铁砷关系

砷的存在形式与价态主要取决于其所处环境的成分、酸碱度以及氧化还原电位等条件，其中起关键作用的主要是 pH 和 ORP，地下水中的砷主要还是以 As（Ⅲ）和 As（Ⅴ）两种价态存在，它们与 pH 和 ORP 的主要关系如图 4-3 所示。

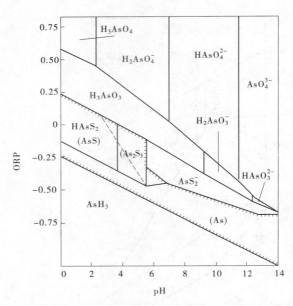

图 4-3 砷在 25 ℃,1 大气压时的 ORP—pH 关系

在地下水的 pH 范围内,As(Ⅲ)和 As(Ⅴ)均以络合物形式存在,H_3AsO_3、$H_2AsO_3^-$ 以及 $H_2AsO_4^-$ 和 $HAsO_4^{2-}$(见图 4-3)。而 As(Ⅲ)在地下水中(pH = 6 ~ 8)实际形态是 H_3AsO_3,由于其电中性,被含水介质吸附的能力非常弱,所以在地下还原环境中,发生 As(Ⅴ)→As(Ⅲ)转化,砷从被吸附状态释放出来进入水中,发生迁移。As(Ⅴ)主要以负电荷的络阴离子形式存在,可以被铁锰氧化物(是强阴离子吸附剂)吸附,在地下水中被固定于介质中。这一原理同样在地表砷污染水处理中得到证实,铁盐对 As(Ⅲ)去除效果非常差,而对 As(Ⅴ)去除高达 99% 以上。

根据前期的研究结果,我们可以看出,在研究区大同盆地内,还原环境是造成高砷地下水的一个重要原因。由于地球化学的作用,地下水介质中往往含有大量的铁锰氧化物矿物,但在还原环境中,铁被还原成二价铁离子进入水中,使铁流失。此外,氧化环境也可以使地下水砷含量增高。这主要是由于岩石风化作用,使岩石矿物中砷释放出来,如果铁的氧化物含量相对不足则导致地表浅部潜水含水层也能出现高砷水。

许多含 As(Ⅲ)地下水中常常伴存有 Fe(Ⅱ),在碱性条件下 Fe(Ⅱ)容易被空气氧化,同时也会氧化部分 As(Ⅲ),氧化后生成的铁氧化物对 As 有很强的吸附能力[85],铁的氧化物被认为是砷最好的吸附剂,因此铁盐及铁的氧化物被用作除砷剂。

4.2 不同含水层介质对铁的等温平衡吸附

目前,关于铁盐固砷的各项研究主要集中在异位处理的技术中,对原位处理技术中地下含水层介质内 Fe 行为研究鲜有报道。因而掌握其在含水层介质中的迁移规律,相态转变及沉积特征对于毒性元素砷的控制具有积极的意义。

重金属在地下水中的迁移转化受到诸多因素的影响,它们可能被吸附在含水层矿物的颗粒表面,被含水层存在的有机碳吸附,发生化学沉淀;也有可能进行生物和非生物降解或参与某些氧化还原反应。通常情况下,溶质在一维均相介质中的对流 – 弥散方程式可以写为:

$$\frac{\partial C}{\partial t} = D_{\mathrm{L}} \frac{\partial^2 C}{\partial x^2} - v_x \frac{\partial C}{\partial x} - \frac{Bd}{\theta} \cdot \frac{\partial C^*}{\partial t} + \left(\frac{\partial C}{\partial t} \right)_{\mathrm{rxn}} \tag{4-1}$$

式中　　C——液相中溶质的浓度;

　　　　t——反应时间;

　　　　D_{L}——纵向弥散系数;

　　　　v_x——地下水平均线速度;

　　　　Bd——含水层物质的体积密度;

　　　　θ——体积含水量或饱和介质的孔隙度;

　　　　C^*——单位质量固体吸附的溶质质量;

　　　　rxn——下标,表示溶质(除吸附作用外)的生物或化学反应。

式(4-1)右边起各项分别代表弥散、对流、吸附和反应。

吸附过程主要包括吸附、化学吸附、吸收和离子交换。它主要通过试验测定特定的沉积物、土壤或岩石类型能够吸附多少溶质来确定。主要包含表面平衡反应和非平衡(动力)反应。

含水层介质的岩性和化学性质是控制地下水中铁元素的形成和迁移的重要因素。曾韶华等[86]在对长江中下游地区元素的背景特征及形成关系研究中发现,地下水铁元素的含量与含水介质中铁元素具有良好的相关性。事实上,除化学因素影响溶质的迁移持留行为外,含水层本身的成分组成,介质颗粒大小等也是重要的影响因素[87]。因此,研究铁盐在不同含水层介质中的环境行为对于全面了解铁盐的迁移转化规律有着重要的意义。

4.2.1　试验介质来源

本次研究的试验土样分别为实验室自制砂样及山西山阴县地质钻探获取的砂样,四种含水层沉积物——黏土、亚黏土、细砂、中砂分别标记为 S1、S2、S3、S4。各沉积物理化性质见表 3-2。

4.2.2　吸附模式的确定

吸附模式对于研究溶质在地下水中的迁移具有重要的意义。本文主要选择山西高砷地下水地区浅层孔隙含水介质作为研究对象,通过进行室内静态试验和动态淋滤穿透试验,对该地区不同含水层介质对铁的吸附特征和铁盐在地下水不同沉积物内的迁移转化规律进行了研究,为研究相关类似地质条件下地下水中铁的迁移吸附机制奠定基础,为进一步通过添加铁盐原位固化高砷地下水提供基础试验数据。

4.2.2.1　静态吸附试验

在一定温度下,铁的吸附和解吸主要与铁在地下水中的液相质量浓度和铁在含水介质上的固相质量浓度有关。

（1）试验是在 20 ℃左右的室温条件下进行,用 $FeCl_3 \cdot 6H_2O$ 和蒸馏水配制成 5 种质量浓度的溶液。

（2）试验固液重量比为 1∶5,即称土样 40 g,用 200 mL 含铁的溶液浸泡。每种土样分别用 5 个质量浓度的铁溶液浸泡。

（3）浸泡土样被放在震荡器上连续震荡 24 h 后取上清液测试铁的质量浓度。两种砂样共 10 个样。

4.2.2.2　吸附模式的确定

吸附模式主要包括线性吸附模式和非线性吸附模式。非线性吸附模式包括 Freundlich 吸附模式和 Langmuir 吸附模式。通过试验可获得上清液的质量浓度 C,利用式(4-2)计算铁被固相吸附的质量浓度。

$$S = \frac{(C_0 - C) \times V}{M} \times 1\ 000 \qquad (4\text{-}2)$$

式中　S——固相吸附质量浓度,mg/kg;

　　　C_0——原液质量浓度,mg/L;

　　　C——上清液质量浓度,mg/L;

　　　V——浸泡试验所用液体体积,mL;

　　　M——浸泡试验所用固相物质质量,mg。

在一定的温度下,铁离子在各含水层介质上的吸附性能主要与铁离子在地下水中的液相质量浓度和铁离子在含水介质上的固相质量浓度有关。根据静态吸附试验结果,进行相关 S 与 C 的相关性分析,结果如图 4-4 所示。

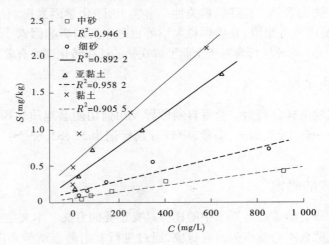

图 4-4　不同含水层介质对 Fe 的吸附等温线

由图 4-4 可以看出,各含水层介质对 Fe 的吸附均呈现良好的相关性,其中以黏土对铁的吸附性能最好,中砂最差。对溶液中浓度和固相吸附量进行相关性分析,结果见表 4-1。

表 4-1　不同含水层介质对 Fe 的吸附方程及相关系数

编号	吸附方程	R^2
S4	$y = 0.071\ 73 + 4.26 \times 10^{-4} x$	0.946 1
S3	$y = 0.147\ 33 + 7.62 \times 10^{-4} x$	0.892 2
S2	$y = 0.326\ 96 + 2.25 \times 10^{-3} x$	0.958 2
S1	$y = 0.534\ 15 + 2.77 \times 10^{-3} x$	0.905 5

由试验和计算获得 C 和 S 后,对其进行相应的相关分析,据相关系数的大小确定所符合的吸附模式。经相关性比较,Langmuir 吸附模式的相关系数比其他吸附模式的相关系数高(见图 4-5)。所以吸附模式为 Langmuir 等温吸附模式。各种土样对铁的等温吸附方程和相关系数见表 4-2。相关方程中 C 的系数为铁最大吸附质量浓度的倒数,可算得各介质对铁的最大吸附浓度分别为 666.67 mg/g、1 040.04 mg/g、1 937.98 mg/g、2 016.94 mg/g。由此可知,四种介质对铁离子的吸附能力由强到弱顺序为黏土、亚黏土、细砂、中砂,且最大吸附质量浓度是其他溶质(如氨氮、磷等)的最大吸附质量浓度的几十倍。

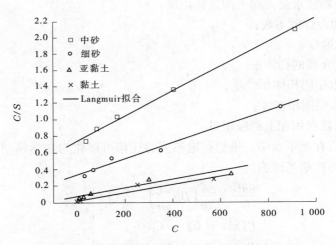

图 4-5　不同含水层介质对 Fe 的 Langmuir 吸附等温线拟合

表 4-2　不同含水层介质对 Fe 的 Langmuir 吸附方程及相关系数

编号	Langmuir 吸附方程	R^2
S4	$C/S = 0.739\ 56 + 0.001\ 5C$	0.995 5
S3	$C/S = 0.327\ 17 + 9.615 \times 10^{-4} C$	0.982 4
S2	$C/S = 0.072\ 86 + 5.06 \times 10^{-4} C$	0.910 8
S1	$C/S = 0.014\ 6 + 4.958 \times 10^{-4} C$	0.923 7

4.3　铁元素在地下含水介质中的迁移行为

一般而言,土壤中溶质运移特征可以用穿透曲线来表示。为了定量地描述或预测溶质在土壤中的运移行为或某一溶质在一定条件下的穿透曲线,就必须从物理、化学的机制上应用数学模型进行描述。溶质运移中的易混合置换现象实际上是由对流、分子扩散和机械弥散这三个物理过程以及溶质在运移过程中所发生的众多的化学、物理化学过程和其他过程综合作用的结果。而对地下水中铁的迁移转化规律进行相关研究时,我们仅考虑铁在含水层中沿水平井流方向的迁移运动能力,不考虑其他相关的化学反应,因而将其运动概化为水平一维的迁移问题。

迁移模型的建立:在一维稳态饱和流条件下,污染物在半无限长砂柱中的迁移可以用数学模型描述。如果污染物在迁移过程中发生对流、弥散、吸附作用,则控制方程可用式(4-3)表示:

$$\frac{\partial \theta C}{\partial t} = \frac{\partial}{\partial x}\left(D\theta \frac{\partial C}{\partial X} \right) - \frac{\partial}{\partial x}(v) - n_s \rho_s \frac{\partial S}{\partial t} \tag{4-3}$$

式中　C——污染物液相浓度;

$\quad\quad t$——时间;

$\quad\quad x$——污染物在水流方向上的迁移距离;

$\quad\quad D$——水动力弥散系数;

$\quad\quad v$——渗流速度;

$\quad\quad \theta$——多孔介质的孔隙率;

$\quad\quad n_s$——含水层固相体积分量;

$\quad\quad \rho_s$——含水层固相密度;

$\quad\quad S$——污染物在固相上的吸附量。

非反应性溶质在地下水中一维稳态饱和流的迁移可概化为数学模型来表示,控制方程及连续源时边界初始条件为

$$\left.\begin{aligned}
&\frac{\partial \theta C}{\partial t} = \frac{\partial}{\partial x}\left(D\theta \frac{\partial C}{\partial x} \right) - \frac{\partial}{\partial x}(v) \\
&C(x, t = 0) = C_i \\
&C(x = 0, t > 0) = C_0 \\
&C(x \to \infty, t \geq 0) = C_i
\end{aligned}\right\} \tag{4-4}$$

当水流为均匀流、孔隙率和弥散系数为常数时,模型中的控制方程变换为下列形式:

$$\left.\begin{aligned}
&D\frac{\partial^2 C}{\partial x^2} - u\frac{\partial C}{\partial x} = R\frac{\partial C}{\partial t} \\
&C(x, 0) = 0; C(0, t) = C_0 \\
&C(\infty, t) = 0
\end{aligned}\right\} \tag{4-5}$$

式中　R——示踪剂滞后系数;

$\quad\quad D$——弥散系数,cm^2/h;

u——孔隙水流速,cm/h;

C——监测点示踪剂浓度,mg/L;

x——取样点距进水端的距离,cm;

t——示踪剂迁移时间,h;

C_0——污染物初始浓度。

其解析为:

$$C(x,t) = 0.5C_0\left[\operatorname{erfc}\left(\frac{x - \frac{u}{R}t}{2\sqrt{\frac{D}{R}t}}\right) + \exp\left(\frac{ux}{D}\right)\operatorname{erfc}\left(\frac{x + \frac{u}{R}t}{2\sqrt{\frac{D}{R}t}}\right)\right] \tag{4-6}$$

在试验中 u 是实际流速,为实测值;x 是土柱长度,为定值。公式中的 erfc 为余误差函数,一般用于求解地下水的迁移参数。我们可以通过反演拟合方法确定不同岩性铁的迁移模型参数。弥散系数 D 可用 Cl^- 的土柱迁移试验求得,含水层砂质对 Cl^- 的吸附能力很小,可忽略不计,这时 $R=1$。当砂柱的弥散系数 D 确定后,利用铁的砂柱试验可确定铁在土层中迁移的滞后系数 R。采用反复试算的方法,给出 D 和 R 值代入模型,求不同时刻的 $C(x,t)$ 值,并与实测的 $C(x,t)$ 相比较,如果相近,认为所给的 D、R 值可作为土层的弥散系数和污染物在该土层中的迁移滞后系数;如果相差较大,则重新给定 D 和 R 值,进行计算、比较,直到满意。

4.3.1　基本理论

圆筒试验的结果经常以淋溶流体的孔隙体积数表示。一个孔隙体积(ALn)等于圆筒断面面积乘以长度和孔隙度,圆筒的单位流量($u_x nA$)是线速度乘以孔隙度和断面面积,一段时间内的总流量($u_x nAt$)是时间与单位流量的乘积。

总孔隙体积数 U 为总流量除以单个孔隙体积,即

$$U = \frac{u_x nA}{ALn} = \frac{u_x t}{L} = t_R \tag{4-7}$$

可以看出,孔隙体积数等同于无量纲时间 t_R,利用这种等价性,一维弥散方程式近似可以改写为:

$$\frac{C}{C_0} = 0.5\left[\operatorname{erfc}\left(\frac{1 - U}{2\left(\frac{UD_L}{v_x L}\right)^{1/2}}\right)\right] \tag{4-8}$$

式中　U——出水的孔隙体积数;

　　　L——圆筒长度。

则弥散系数为:

$$D_L = \left(\frac{v_x L}{8}\right)(J_{0.84} - J_{0.16})^{1/2} \tag{4-9}$$

式中　$J_{0.84} = C/C_0$ 为 0.84 时的 $(U-1)/U^{1/2}$,$J_{0.16} = C/C_0$ 为 0.16 时的 $(U-1)/U^{1/2}$。

4.3.2　不同含水层介质穿透曲线比较

试验方法:将处理后的含水层四种介质装填,装填过程中应用汽锤不断敲击捣实,使

得柱内砂土样装填均匀。进水及各个取样口以无纺布为反滤层,以获得澄清出水液。用蒸馏水做渗透试验,测定土柱的有关水动力参数。选择 Cl⁻ 离子作为指示剂,以 Cl⁻ 为溶质配制原液,质量浓度为 100 mg/L,含 Cl⁻ 溶液从土柱底部入水口流入,从顶端流出,定时从流出端口取水样测定 Cl⁻ 质量浓度。据此可计算土柱的弥散度。

将 Cl⁻ 试验资料和有关参数代入计算模型,其中实际流速(u)、时间(t)均由土柱试验结果给出。考虑 Cl⁻ 吸附性差,取滞后系数 R 为 1。利用装满砂土介质的圆筒在实验室内确定扩散度和弥散度。

选取相对浓度(C/C_0)和时间 t 分别作为纵横坐标,用点绘制出 Cl⁻ 在不同含水层介质中的穿透曲线。本试验研究中非反应性溶质氯化钾(KCl)在固相介质填装的砂柱中的穿透曲线(breakthrough curves,简写为 BTC)可用图来表示,如图 4-6 所示。四个砂柱中 KCl 的迁移规律表现出相似的结果。从穿透初始时间上看,Cl⁻ 在粒径较大的中砂中穿透较快。由于溶质的穿透曲线间接反映总体空隙的分布特征,曲线越陡,说明导水介质的孔隙直径越为接近。

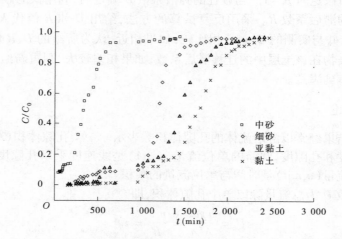

图 4-6　四种介质填装柱中 KCl 的穿透曲线

根据不同砂柱 Cl⁻ 穿透曲线的相关资料,通过反演拟合的方法可以确定不同含水层介质中污染物的迁移模型。所得的相关物理性参数如表 4-3 所示。

表 4-3　溶质在不同介质中的运移参数

砂样	土样容重 (g/cm³)	孔隙度	给水度	实际流速 (cm/h)	弥散系数 (cm²/h)	弥散度 (cm)
S1	1.35	0.255	0.018	0.57	0.073	0.142
S2	4.42	0.271	0.018	0.61	0.079	0.014 4
S3	1.49	0.302	0.019	0.68	0.085	0.169
S4	1.63	0.310	0.021	0.69	0.092	0.182

溶质在土壤中的运移受到多方面因素的影响,包括颗粒几何尺寸、颗粒属性等。由上

述试验结果可以看出,由于填充介质的不同,在相同水力梯度下氯离子到达穿透所用的时间存在一定的差异。其中,Cl^-在砂质介质中的穿透速度较快,完成运移的时间相对较短。

4.4 铁元素在砂质含水层介质中的迁移转化规律

研究区为大同盆地内某高砷地下水区域,从钻孔的垂向分布特征上看,高砷地下水所在层位绝大多数为砂质含水层。因此,我们选取实验室处理过的中砂作为研究对象,分析铁盐在砂质颗粒层中的迁移转化规律。铁盐进入含水层之后,将与介质中的物质发生吸附交换作用。为了研究物质在含水层中的迁移特征,通常采用土柱模拟试验方法,建立一维水动力条件下铁迁移的数学模型。

4.4.1 试验方法

土柱装置:柱体为密封性良好的有机玻璃管,长 1 m,内径为 2.5 cm。用蠕动泵控制其流速为$(1.516 \sim 1.685) \times 10^{-4}$ cm/s(模拟地下水流速)。在土柱上下层各垫置粒径较大的砾石,上部用于均匀加液,下部用于避免土壤颗粒随出流液流出。

试验开始时,先将柱内通入纯度为 99.99% 的 N_2,以排出柱内的空气。然后用去离子水渗过土柱,以保证固液相的原有平衡。当柱体进出水速度基本一致时,换用含有 Fe^{3+} 的溶液,进水浓度保持在 20 mg/L。每隔 24 h 进行一次取样分析,用邻菲啰啉分光光度法测得各个取样口的总铁、Fe^{3+}、Fe^{2+} 浓度,最终得到其穿透曲线 BTC,在整个试验过程中,利用蠕动泵进行供水,保持供水水头不变。其中各砂柱物理参数见表4-4。

表4-4 砂柱吸附试验各项物理参数

名称	参数	名称	参数
柱子体积(cm^3)	706.5	砂样填充质量(g)	1 150
孔隙体积(cm^3)	227	砂样容重(g/cm^3)	1.62
孔隙度(无量纲)	0.31	砂样密度(g/cm^3)	2.09
体积流速(mL/min)	$0.276 1 \sim 0.309 4$	距离流速(cm/min)	0.101

土壤溶质穿透曲线是反映出流溶质浓度随时间或土壤孔隙体积数的变化过程。以相对浓度 C_i/C_0 为纵坐标,C_i 为渗出液浓度,C_0 为渗入液浓度,渗过土柱水的孔隙时间为横坐标,绘制穿透曲线。实际测得的铁离子在砂土介质中的穿透曲线如图4-7所示。

试验所得到的 Fe 在饱和填充柱内的穿透曲线被用来分析在多孔砂质含水层介质中的迁移行为。由图4-7所示的结果可以看出,在前 13 个体积孔隙水里,出水口的浓度几乎为零,说明铁离子完全被吸附,此后渗出液中总铁浓度逐步增加,直至第 127 个孔隙体积水渗过土柱时,$C_i/C_0 = 1$,砂土的吸附量耗尽。据计算,铁离子的总吸附量为 0.419 5 mol,相当于砂土的铁离子吸附浓度为 0.364 8 mol/kg;平衡时,水中铁离子浓度为 3.929 mmol/L。据此算得 $K_d = 92.8$ L/kg。吸附试验求得的 G 值,可能包括沉淀,以及过滤截留部分在内,在试验中,一般都做吸附处理,不做区分。

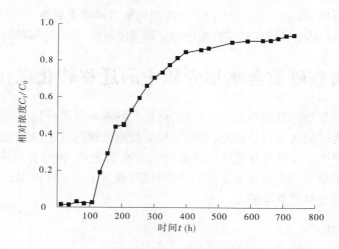

图 4-7　Fe 在砂柱中的穿透曲线

4.4.2　铁盐在砂质含水层介质中的迁移反应动力学分析

由于固液相之间(水岩间)的各种作用,使得水中溶质的迁移与水的迁移产生一定的差异,出现前者比后者迟后的现象。可用迟后方程来描述:

$$\left.\begin{array}{l} V_c = V/R \\ R = 1 + (\rho_b/n)K_d \\ K_d = S/C \end{array}\right\} \tag{4-10}$$

式中　V_c——溶质迁移速度,m/d;

　　　　V——地下水实际流速,m/d;

　　　　R——迟后因子,无量纲;

　　　　n——孔隙度,无量纲;

　　　　ρ_b——岩土容重,g/cm^3;

　　　　K_d——分配系数(或称线性吸附系数),cm^3/g;

　　　　S——平衡时固相所吸附的溶质的浓度,mg/kg;

　　　　C——平衡时液相溶质浓度,mg/L。

平衡时固相所吸附的溶质的浓度:$S = \dfrac{0.419\,5}{1.15} = 0.364\,8(\text{mol/kg})$;

平衡时液相溶质浓度(实测值):$C = 3.929$ mmol/L;

分配系数:$K_d = S/C = \dfrac{0.364\,8 \times 1\,000}{3.929} = 92.8(\text{L/kg})$;

孔隙度:$n = 0.32$(实测值);

迟后因子:$R = 1 + (\rho_b/n)K_d = 1 + \dfrac{1.62}{0.32} \times 92.8 = 470.8$;

溶质迁移速度:$V_c = V/R = \dfrac{1}{470.8}V = 0.002\,1V$

　　根据上述计算,Fe 的迁移速度是地下水流速的 0.21%,即当地下水迁移 1 000 m 时,铁只迁移了 2.1 m。此处提及的 Fe,主要是指以 Fe(Ⅲ) 为主要存在形式的 Fe,尽管在研究中我们发现迁移过程中出水溶液中的 Fe 价态发生了一定的变化,但成分依旧以三价铁为主。由此结果我们对比同课题组的前期试验结果不难发现,Fe(Ⅲ) 在水体中的迁移速率远远小于 Fe(Ⅱ),在同样的砂质介质中,迁移速度几乎是 Fe(Ⅱ) 的 3.1%。这主要是因为 Fe(Ⅲ) 容易在水体中生成难溶氢氧化物而发生沉淀,从而迁移性降低。

　　以总铁为对象研究其在砂柱中迁移的动力学过程。参考反应动力学的一般形式,得出迁移动力学方程如下:

　　零级动力学方程为: $\dfrac{\mathrm{d}C_x}{\mathrm{d}x} = -k$,通过积分可得: $C_0 - C_x = kx$;

　　一级动力学方程为: $\dfrac{\mathrm{d}C_x}{\mathrm{d}x} = kC_x$,通过积分可得: $\ln\dfrac{C_0}{C_x} = kx$;

　　二级动力学方程为: $\dfrac{\mathrm{d}C_x}{\mathrm{d}x} = kC_x^2$,通过积分可得: $\dfrac{1}{C_x} - \dfrac{1}{C_0} = kx$。

其中　C_x——出水铁浓度,mg/L;

　　　　x——迁移距离,m;

　　　　k——反应速率常数,mg/(L·m)。

　　根据表 4-5 中的试验数据,对运移试验的迁移动力学级数进行确定。

表 4-5　运行不同孔隙体积时的取样结果　　　　　（单位:mg/L）

PV	距离（m）					
	0.15	0.30	0.45	0.60	0.75	0.90
10	8.56	12.00	14.50	16.30	18.42	19.70
20	5.14	6.32	7.62	10.20	13.16	14.72
30	3.86	4.64	5.68	8.20	11.48	13.54
40	2.14	3.40	4.36	5.56	5.84	6.82
50	2.30	2.68	3.74	4.34	4.88	5.64
60	1.78	1.94	3.04	3.90	4.36	4.48
70	1.52	2.00	2.26	3.05	3.52	3.98
80	1.50	1.72	2.00	2.56	3.04	3.42
90	0.82	0.98	1.26	1.58	1.98	2.66
100	0.12	0.22	0.36	0.84	0.98	1.56

　　对进水不同孔隙体积时的取样结果进行零级动力学拟合,结果如图 4-8 所示。根据图 4-8 的拟合结果,将零级动力学拟合方程列于表 4-6 中。

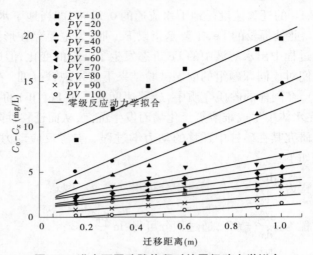

图 4-8　进水不同孔隙体积时的零级动力学拟合

表 4-6　进水不同孔隙体积时的零级动力学拟合

孔隙体积个数	相关系数(R^2)	速率常数(k)	方程
10	0.879 8	12.11	$y = 12.11x + 8.050\ 7$
20	0.958 2	11.44	$y = 11.44x + 3.042$
30	0.916 0	10.37	$y = 10.37x + 1.688$
40	0.930 0	4.98	$y = 4.98x + 1.864\ 8$
50	0.962 9	3.77	$y = 3.77x + 1.792\ 5$
60	0.922 7	3.42	$y = 3.42x + 1.310\ 5$
70	0.978 8	2.81	$y = 2.81x + 1.128\ 9$
80	0.985 0	2.26	$y = 2.26x + 1.09$
90	0.935 4	1.99	$y = 1.99x + 0.414\ 7$
100	0.913 9	1.58	$y = 1.58x - 0.213$

　　对进水不同孔隙体积时的取样结果进行一级动力学拟合,结果如图 4-9 所示。根据图 4-9 的拟合结果,将一级动力学拟合方程列于表 4-7 中。

　　对进水不同孔隙体积时的取样结果进行二级动力学拟合,结果如图 4-10 所示。根据图 4-10 的拟合结果,将二级动力学拟合方程列于表 4-8 中。

　　由表 4-6、表 4-7、表 4-8 的结果对比可以看出,一级反应动力学可以更好地拟合进水不同孔隙体积时铁在土柱中迁移的动力学反应。随着进水孔隙体积的增加,速率常数逐渐增高,当进水孔隙体积个数分别为 10、20、50 和 90 时,速率常数依次为 1.061 mg/(L·m)、1.401 mg/(L·m)、1.623 mg/(L·m) 和 2.641 mg/(L·m)。因此,铁的迁移符合速率常数逐渐增高的一级迁移反应动力学。

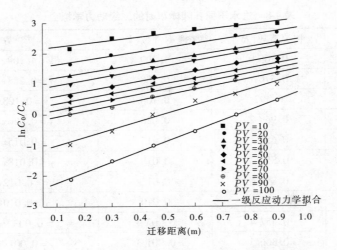

图 4-9　进水不同孔隙体积时的一级动力学拟合

表 4-7　进水不同孔隙体积时的一级动力学拟合

孔隙体积个数	相关系数(R^2)	速率常数(k)	方程
10	0.927 1	1.061	$y = 1.061x + 2.018$
20	0.987 3	1.401	$y = 1.401x + 1.484$
30	0.995 6	1.430	$y = 1.43x + 1.069$
40	0.997 7	1.602	$y = 1.602x + 0.74$
50	0.987 5	1.623	$y = 1.623x + 0.439$
60	0.992 9	1.679	$y = 1.679x + 0.179$
70	0.991 1	1.716	$y = 1.716x - 0.031$
80	0.996 1	1.805	$y = 1.805x - 0.26$
90	0.976 9	2.641	$y = 2.641x - 1.28$
100	0.998 4	3.382	$y = 3.382x - 2.57$

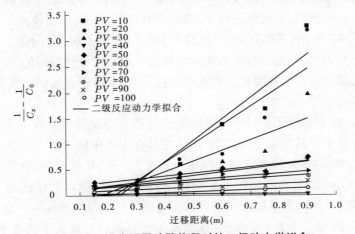

图 4-10　进水不同孔隙体积时的二级动力学拟合

表 4-8　进水不同孔隙体积时的二级动力学拟合

孔隙体积个数	相关系数(R^2)	速率常数(k)	方程
10	0.765 9	4.109	$y = 4.109x - 0.969 6$
20	0.576 1	0.288	$y = 0.288x - 0.062 3$
30	0.497	0.108	$y = 0.108x - 0.018$
40	0.969 2	0.026	$y = 0.026x + 0.002 4$
50	0.656 1	0.015	$y = 0.015x + 0.003 8$
60	0.852 3	0.018	$y = 0.018x + 0.000 9$
70	0.858 6	0.012	$y = 0.012x + 0.002$
80	0.784 3	0.010	$y = 0.010x + 0.002$
90	0.452 4	0.003 9	$y = 0.003 9x + 0.000 3$
100	0.366 5	0.001 3	$y = 0.001 3x + 0.005$

4.5　铁元素在砂质含水层迁移过程中的相态变化

变价元素是介质环境氧化还原条件的良好标志。因而根据铁离子价态可以判断含水层介质的氧化还原性。从试验结果可以看出,砂柱内 Fe(Ⅱ)/Fe(T) 随时间发生一定的变化,在试验开始阶段,由于柱内的密闭还原环境,出水主要以 Fe(Ⅱ) 为主。在试验进行到 300 h 左右,出水孔中 Fe(Ⅱ) 的含量达到最高值。之后氧气逐渐进入砂柱内,Fe(Ⅱ)被氧化为 Fe(Ⅲ)。

由图 4-11 和图 4-12 可以看出,Fe 在砂柱内迁移的过程中相态发生了一定的变化。在反应进行的前期,Fe(Ⅱ)在出水溶液中的比例一直占优势地位,300 h 时浓度达到最高值12.8 mg/L,占出水 Fe 总含量的 90%。此时,砂柱内的溶解氧几乎被耗尽,还原环境显著。

Fe 在溶液中的溶解完全受到环境的影响,控制其溶解与沉淀的最根本的因素是 pH 和 Eh,其总的规律是:pH 降低,在酸性环境下,铁的还原作用增强,促使铁呈二价状态被溶解到溶液中去;pH 升高,在碱性条件下,铁的氧化作用增强,促使铁成三价铁从溶液中沉淀下来。以图 4-2 为例,不难看出,假设进水 pH 不变,则系统 Eh 的降低必然引起难溶三价铁化合物还原为可溶的二价铁,由此可以得出还原作用导致溶解的结论。反之,氧化作用必然引起沉淀。地下水和海相沉积物中的孔隙水,都是不含氧的。在无氧条件下,可溶铁最主要的形式就是 Fe(Ⅱ)。

水体中的铁、锰等变价元素对于介质环境变化都有特别的敏感性。介质环境不仅对水体中元素的含量水平具有重要的作用,而且对其在水体中的价态及形式都有明显的控制作用。根据 R. M. Carrels 所确定的天然水介质中 Eh 和 pH 的范围,在研究区大同盆地山阴县内,地下水 pH 的平均值都在 8.5 左右,属于弱碱性,所以此区内地下水介质环境的 Eh 应该在 0.0 V 以下,含水层介质呈现为弱还原性—还原性的环境。正是这种还原的介质环境,为区域内地下水 Fe(Ⅱ) 的存在创造了有利条件。在实地调查中不难发现,高砷地下水更多地出现在当地封闭式的居民井内,这种环境使得大气中的溶解氧几乎不能

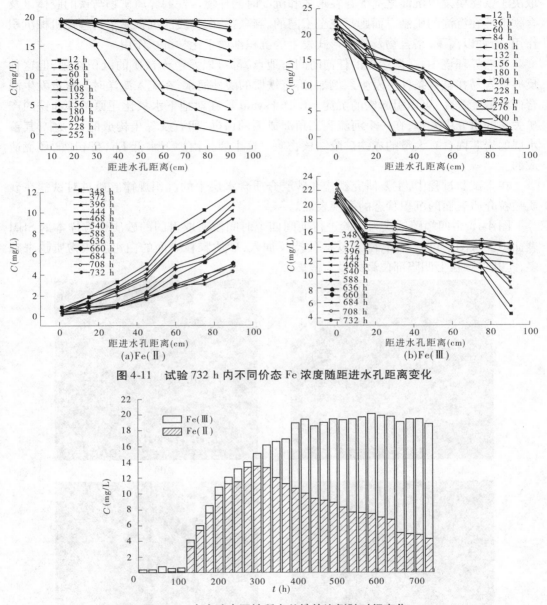

图 4-11　试验 732 h 内不同价态 Fe 浓度随距进水孔距离变化

图 4-12　出水孔内亚铁所占总铁的比例随时间变化

扩散进入,井水的介质环境还原性更强,Fe 都以 Fe(Ⅱ)的形式存在,这也为砷的富集提供了有利条件。

4.6　铁盐在砂质含水介质中的沉积特征

一般而言,铁在地球化学中的沉积作用,主要是指铁从溶液中发生沉淀的原因与条件,以及在不同条件下形成不同的含铁矿物的原因与地球化学过程。铁的沉积作用方式取决于铁将要发生沉淀之前的存在形式和沉淀时的环境。铁的碎屑矿物与铁的胶体以及含铁溶液在沉淀的机制方面则是完全不同的。碎屑铁矿物质的沉积属于物理性机械沉积作用,而铁以离子、络合物及胶体形式发生的沉积都属于化学沉积作用。

　　自然界环境中,在搬运铁的任何时间与地点,都可以发生赤铁矿的沉积作用,但这种反应更容易在碱性条件下发生。例如,溶有铁质的酸性河水,在流入海洋时与海水发生混合而使碱度升高,可以引起铁的沉淀。L. D. Fayard 等在对地下水氧化还原条件和铁的产矿关系的研究中发现,在一个河流和三角洲成因的由砂、卵石及黏土构成的互层中,其蓄水层的岩芯内含有大量的赤铁矿胶结核物质。这主要是由地下水低 Eh、高 pH 的环境造成的。

　　在本试验过程中,主要研究铁盐在砂层介质含水层中的沉积规律。通过对铁盐在砂质颗粒介质表面的沉积状态的微观表征。

　　图 4-13 中四幅图依次为试验进行期间四个时间段所取得的的砂质颗粒样本的 SEM 表征图。从图中可以看出,随着铁盐的持续加入,砂质颗粒表面的白色胶状物质越来越多,尤其以颗粒上凹陷部位聚集最为密集。

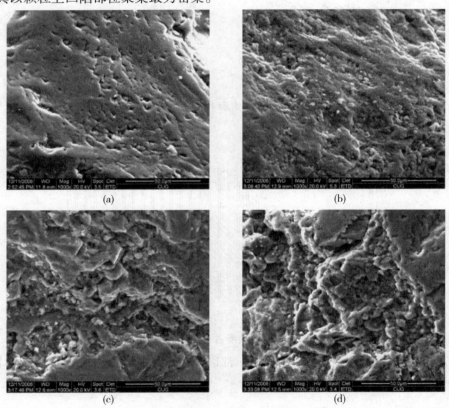

图 4-13　不同时间试验柱内的砂质颗粒样本 SEM 表征

　　由图 4-14 可以看出,试验进行初期,土柱内砂样的主要成分为 SiO_2,表层基本不含其他杂质离子,这主要是由于之前用酸对其进行了处理,使得表面的矿物成分均被酸洗脱,铁离子在柱子内穿透以后,砂土表面出现了大量的白色斑点状颗粒。将激光分别打在砂

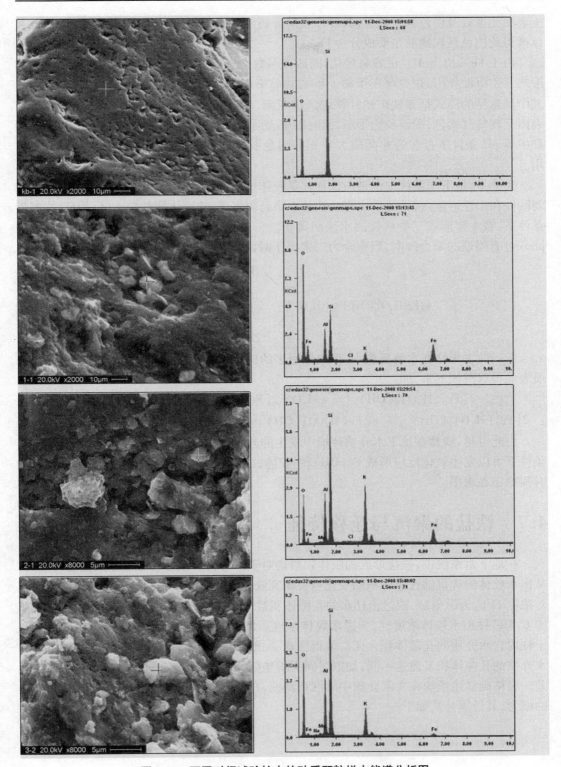

图 4-14　不同时间试验柱内的砂质颗粒样本能谱分析图

土表面光滑处及白色颗粒物上,其红外光谱分析图的主要区别在于 Fe 峰的出现,由此可以推得此白色颗粒物的主要成分为 Fe。

由于 Fe^{3+} 相比 Al^{3+} 更容易羟化,因而在多数含水层介质中,Fe^{3+} 主要以 $Fe(OH)_3$ 的形式发生沉淀作用,很少存在于黏土矿物的晶格内部,最终会以 Fe_2O_3 的形式保存下来。其中最常见的形式是赤铁矿和针铁矿。据观测,砂质介质在通入含 Fe^{3+} 溶液之后,颗粒表面呈现暗红褐色,因而我们推断,此时砂土表面覆盖的铁主要以针铁矿为主。这种低温和中等 pH 条件下存在的非晶质大容积深褐色胶体在铁的地球化学过程中发挥重要作用。

实际上,地下水系统中携带的铁往往是胶体铁,它的沉积机制是相对比较复杂的。在弱酸性和中性溶液内,铁可形成三价铁的水络合阳离子,使胶体颗粒带正电;相反,在碱性条件下,铁主要形成三价铁盐的水络阴离子。三价铁的水络阳离子(Ferrio hydroxo complexes)有强烈的聚合倾向,当聚合为二聚离子时,在溶液中及其稳定。如下所示:

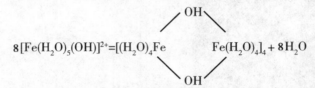

$$8[Fe(H_2O)_5(OH)]^{2+} = [(H_2O)_4Fe \overset{OH}{\underset{OH}{\diamondsuit}} Fe(H_2O)_4]_4 + 8H_2O$$

但当此二聚物在水解反应中,形成以更多的桥相连接时,就会变成难溶的沉淀物在介质表面得以沉积下来,如:

$$3[Fe_2(H_2O)_8(OH)_2]^{4+} + H_2O = 2[Fe_2(H_2O)_7(OH)_3]^{3+} + H_3O^+$$

$$2[Fe_2(H_2O)_7(OH)_3]^{3+} + [Fe(H_2O)_5(OH)]^{2+} = 2[Fe_3(H_2O)_5(OH)_4]^{5+} + 15H_2O$$

由此可见,铁盐在地下水介质环境中发生的并不是简单的吸附沉淀作用,Fe^{2+} 在一定条件下可以发生氧化反应形成 $Fe(OH)_3$ 的胶体,这种胶体在形成凝胶沉淀过程中可以长时间稳定在水中。

4.7　铁盐的聚沉与迁移特征

在地下水系统中,铁盐形成的胶体颗粒物对于污染物扩散迁移有着至关重要的影响。从出水胶体的含量随孔隙体积的变化特征研究胶体在含水介质中的迁移行为。本文以相对浓度 C/C_0 为纵坐标,流过土柱水的孔隙体积数为横坐标,绘制穿透曲线(见图 4-7),其中 C 为砂柱出水胶体浓度,C_0 为进水胶体浓度。1 个孔隙体积数是指流过土柱的水量与土柱内含水介质的孔隙体积之比。值得注意,一般不应以时间为横坐标,因为不同试验含水介质的孔隙体积及流速不同,如以时间为横坐标,不同含水介质试验的穿透曲线可比性差。为精确描述铁盐在含水介质中的沉积特征,在此引入累积沉积量(SS)和沉积率(SI)的概念,其计算公式如下:

$$S_i = (C_0 - C_i) \times V_i$$

$$\left.\begin{array}{l} SS = \sum_{i=1}^{n} (C_0 - C_i) \times V_i \\[2mm] SI = \dfrac{\sum\limits_{i=1}^{n} (C_0 - C_i) \times V_i}{\sum\limits_{i=1}^{n} C_0 V_i} \times 100\% \end{array}\right\} \qquad (4\text{-}11)$$

式中　　S_i——i 个孔隙体积数时胶体沉积量,mg;

　　　　C_0——进水胶体含量,mg/L;

　　　　C_i——i 个孔隙体积数时出水胶体含量,mg/L;

　　　　V_i——i 个孔隙体积数时出水体积,L。

　　由试验结果计算可得,Fe 在砂质含水层介质中累积沉积量为 2.469 g,沉积率为 50.01%,平均沉积速率为 0.015 g/PV,由此可以看出铁盐在含水介质中的迁移过程,除对流—弥散作用外,沉积作用非常明显。

4.8　研究总结

　　铁盐在砂质介质中的迁移行为做了相关动力学分析及微观形态的表征,结果表明:

　　(1)Fe 在四种不同含水层介质中的吸附模式符合 Langmuir 等温吸附模型。

　　(2)铁盐在砂质介质中的迁移行为更符合一级迁移动力学模型,但迁移速率相对缓慢,为地下水迁移速度的 0.21%,是 Fe(Ⅱ)迁移速率的 3.1%。这主要是由于 Fe(Ⅲ)在水体中易生成难溶氢氧化物而发生沉降的原因,但这也从另一方面说明了铁盐在砂质含水层中具有良好的沉积作用,能够有效固定地下水中的毒性元素砷。

　　(3)经过计算我们得知,Fe 在 2 mm 粒径的砂质含水层介质中穿透达到平衡时,铁离子的总吸附量为 0.419 5 mol,相当于砂土的铁离子吸附浓度为 0.364 8 mol/kg;水中铁离子浓度为 3.929 mmol/L,$K_d = 92.8$ L/kg。累积沉积量为 2.469 g,沉积率为 50.01%,平均沉积速率为 0.015 g/PV,由此可以看出铁盐在含水介质中的迁移过程,除对流—弥散作用外,沉积作用非常明显。此外,Fe 在迁移的过程中极易发生相态的改变,这与其所处的氧化还原环境关系密切。

第 5 章　不同形态铁对砷的固定化效果及影响因素

5.1　FeCl₃ 对砷的固定化效果研究

$FeCl_3$ 作为常见的除砷试剂之一,以其价廉、源广、安全可靠得到广大的认可。它在水处理的过程中主要发挥三种作用[88],包括:

(1)对水体中的杂质或带电离子起到脱稳及电中和作用,使之发生凝聚。

(2)有时杂质微粒并未达到完全脱稳状态,此时 $FeCl_3$ 主要发挥架桥絮凝的作用,在胶体微粒之间黏结架桥,使它们之间发生絮凝反应。

(3)当 $FeCl_3$ 作为混凝剂且在一定 pH 条件下主要以氢氧化物沉淀形式存在时,它本身就可以对水中的杂质或微小颗粒物产生吸附作用,并在自身的重力沉降作用下,使之从水体分离。

在上述提到的第三种作用中,起到混凝作用的组成部分主要是其水解产物。实际上,$FeCl_3$ 在不同 pH 条件下产生不同的水解物及各种多核羟基络合物[89]。一般情况下,我们主要考虑单体的水解产物和无定形的氢氧化物沉淀。

5.1.1　试验材料

AFS – 830 双道原子荧光光度计(北京吉天仪器有限公司);可见光分光光度计 WFS 2100 型(尤尼柯(上海)仪器有限公司);固相萃取柱 SUPELCLEAN LC—SAX 3 mL TUBES;MODEL 868 pH 酸度调节计(奥立龙);HY—4 调速多用振荡器(江苏省金坛市宏华仪器厂)。

$FeCl_3 \cdot 6H_2O$ 配制 Fe^{3+} 溶液;Na_3AsO_4 配制 As(V)溶液;As(Ⅲ)标准储备液;盐酸(HCl):$\rho_{20} = 1.18$ g/mL,优级纯;抗坏血酸(AR);硼氢化钾(AR);硝酸钾等其他常用试剂。本试验所用试剂除另有注明外,均为符合国家标准的分析纯化学试剂;试验用水为新制备的去离子水。试验中所用的缺氧活性污泥取自武汉市龙王嘴污水处理厂活性污泥法延迟曝气处理工艺流程中的厌氧段。

5.1.2　试验方法

(1)Fe/As 初始浓度比对 $FeCl_3$ 固 As 效率的影响试验:用 Na_3AsO_4 配制 100 mg/L 的 As(V)标准溶液,用 As_2O_3 配制 As(Ⅲ)标准溶液;并分别逐级稀释至 100 μg/L、200 μg/L、300 μg/L、400 μg/L、500 μg/L、1 000 μg/L、2 000 μg/L。用 $FeCl_3 \cdot 6H_2O$ 配制 500 mg/L 的 $FeCl_3$ 溶液,逐级稀释至 1 mg/L、10 mg/L、20 mg/L、50 mg/L、100 mg/L。在两种 As 溶液中加入一定量的 $FeCl_3$,调节溶液 pH = 7 后移入带塞的水样瓶中,中速震荡 12 h,静置,

取上清液测试。

（2）pH 对 $FeCl_3$ 固 As 效率的影响试验：分别在 500 μg/L 的 As(Ⅲ)和 As(Ⅴ)溶液中加入 50 mg/L、25 mg/L 和 5 mg/L 的 $FeCl_3$，使得 Fe/As 分别为 100∶1、50∶1 和 10∶1，调节 pH 分别为 2、3、4、5、6、7、8、9、10、11、12，于 25 ℃恒温振荡器中中速震荡 12 h，静置，取上清液测试。

（3）无机盐组分对 $FeCl_3$ 固 As 效率的影响试验：用 KNO_3、Na_2SO_4、$Na_3PO_4 \cdot 12H_2O$ 分别配制含 500 mg/L 的 NO_3^-、SO_4^{2-} 和 PO_4^{3-} 溶液，使用时用去离子水逐级稀释。将含有不同浓度的 NO_3^-、SO_4^{2-} 和 PO_4^{3-} 溶液分别加入 Fe/As 混合液中（$FeCl_3$ = 20 mg/L、As = 500 μg/L），调节 pH = 7，于 25 ℃恒温振荡器中中速震荡 12 h，静置，取上清液测试。

5.1.3　结果与讨论

5.1.3.1　不同 As 初始浓度条件下 Fe/As 对 $FeCl_3$ 固 As 效率的影响

由图 5-1 可知，在 pH = 7 条件下，不同初始浓度的砷要达到相同的去除效率，所需要的最佳铁砷比是不同的，砷的初始浓度越高，达到相同除砷效率所需的铁砷比越低，二者呈现出反比的关系。如图 5-1 所示，要达到 90% 以上的除砷率，初始浓度为 100 μg/L 的 As(Ⅴ)需要的 Fe/As 要达到 100∶1，而初始浓度为 2 000 μg/L 的砷需要的 Fe/As 则仅为 30∶1；100 μg/L 的砷要达到 70% 的去除率，需要的 Fe/As 为 50∶1；而对于 2 000 μg/L 的砷而言，达到 70% 的去除率需要的 Fe/As 仅为 10∶1。同样趋势出现在 $FeCl_3$ 对 As(Ⅲ)的固定作用中。这是由于在吸附过程中存在两种不同的化学作用。当初始砷浓度较低时，氢氧化铁表面可能还未达到饱和吸附量，随着溶液中砷量增大，吸附作用继续进行；但当初始砷浓度高于某一特定浓度时，主要是共沉淀在起作用，即形成 $FeAsO_4 \cdot 2H_2O$ 沉淀，氢氧化铁的表面覆盖度逐渐趋近于 1。随着溶液中砷酸根离子浓度的增大，当溶液中铁离子浓度与砷酸根离子浓度的乘积大于 $FeAsO_4 \cdot 2H_2O$ 的溶度积 1.0×10^{-23} 时，会形成 $FeAsO_4 \cdot 2H_2O$ 沉淀，并在初始砷浓度增大的过程中出现了吸附反应向吸附—共沉淀反应的转变[90]。由于氢氧化铁表面的覆盖度比较高，因而相对低浓度的 As 而言，要达到相同的去除效果，所需 $FeCl_3$ 的量就会相对减少。

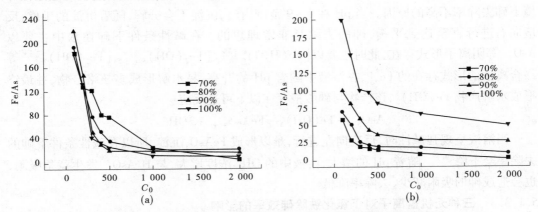

图 5-1　达到相同 As 去除率所需 Fe/As 与 As 初始浓度之间的关系

5.1.3.2　pH 对 $FeCl_3$ 固 As 效率的影响

pH 是影响 $FeCl_3$ 除 As 效率的一个重要因素。在 As 初始浓度为 500 μg/L,初始 Fe/As分别为 100∶1、50∶1 和 10∶1 的条件下,测得砷的去除率与 pH 的关系如图 5-2 所示。

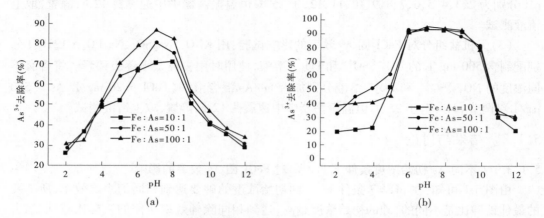

图 5-2　不同 pH 条件下不同 Fe/As 对于 As 去除效率的影响

由图 5-2 可知,在 As 初始浓度一定的条件下,$FeCl_3$ 除砷的效率主要受 pH 的影响,而与初始 Fe/As 关系不大,且最佳 pH 范围为 6 ~ 9,此时砷的去除率可达 90% 以上。在强酸性条件下,砷的去除率为 20% ~ 40%,随着 pH 的升高砷的去除率显著升高,在 pH 为 6 ~ 9时砷的去除率达到 90% 以上。而当 pH > 10 时,砷的去除率随着 pH 的升高开始下降。也就是说,偏酸或者偏碱性条件均会不同程度地影响 $FeCl_3$ 的除砷效率。这主要是因为砷的吸附机制无论是静电吸引,还是离子交换或配位络合,都是在砷以阴离子形式存在而吸附剂带正电时最为有利。$FeCl_3$ 在含砷溶液中会发生如下的反应:

$$Fe^{3+} + AsO_4^{3-} = FeAsO_4$$

在酸性条件下,$FeCl_3$ 不易发生水解反应,Fe^{3+} 主要以 $[Fe(H_2O)_6]^{3+}$ 的形式存在,吸附阴离子,而砷在强酸性水中呈电中性,主要以 H_3AsO_3 和 H_3AsO_4 的形式存在。这样金属阳离子对电中性粒子的亲和力就没有带负电荷的 AsO_4^{3-} 离子亲和力强,这就是强酸性环境下砷去除率不高的原因。当 pH 在 6 ~ 9 范围内时,沉淀不会分解,随着沉淀的生成,反应向右进行直至达到平衡,砷的去除是非常理想的。在碱性条件下砷在水中主要以 AsO_4^{3-} 等阴离子形式存在,此时主要以 $[Fe(H_2O)_6]^{3+}$、$[Fe_2(OH)_3]^{3+}$、$[Fe_2(OH)_2]^{4+}$ 等络合离子的形式存在的 Fe^{3+},在溶液中随着 pH 的升高,易水解形成多核络合物,并最终形成水解产物 $Fe(OH)_3$,该产物与砷酸根存在以下可逆反应:

$$AsO_3^{3-} + Fe(OH)_3 \rightarrow FeAsO_3 \downarrow + 3OH^-$$

当溶液呈现强碱性时,反应向左进行,难以形成 $FeAsO_3$ 沉淀,所以在碱性条件下砷的去除率会下降[91]。随着 pH 的增大,溶液中的 OH^- 浓度增大,与 $H_2AsO_3^-$ 发生竞争吸附,也会造成砷的吸附减少,去除率降低。

5.1.3.3　三种无机盐离子对于氯化铁除砷效率的影响

将含有 20 mg/L、50 mg/L、100 mg/L、200 mg/L 的 NO_3^-、SO_4^{2-} 和 PO_4^{3-} 溶液分别加入

Fe/As 混合液中,试验结果如图 5-3 所示。

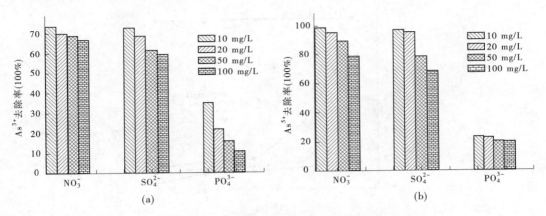

图 5-3　不同无机盐离子对于 Fe 除 As 效率的影响

由图 5-3 可知,不同浓度的 NO_3^-、SO_4^{2-} 和 PO_4^{3-} 对 $FeCl_3$ 固砷均有不同程度的影响,其中硝酸根和低浓度的硫酸根对于铁盐除砷的影响不是很大,约在 10% 以内,这主要是因为三种无机盐离子与砷酸根发生了竞争吸附的缘故,而 PO_4^{3-} 对铁盐固砷的影响则较为显著。

磷酸盐的存在形式与其所在水体的 pH 有密切关系,在 pH = 6.5~8.5 的范围内,水中磷的主要存在形式为 $H_2PO_4^-$、HPO_4^{2-},而在实际溶液中三种离子往往是共存的。砷的去除量的减少主要原因可能有以下几个方面:

(1) PO_4^{3-} 具有较强的配位能力,能与许多金属离子形成可溶性配合物,水中的多核 Fe^{3+} 水解与 PO_4^{3-} 反应生成磷酸亚铁 $Fe_3(PO_4)_2$ 沉淀物,该反应一方面促进了 $H_2PO_4^-$、HPO_4^{2-} 向 PO_4^{3-} 转化,另一方面还可以作为胶核促进水解絮凝。沉淀微粒和磷酸根各种形态的离子可以被铁氧化物产生的絮体吸附沉淀,并产生卷扫絮凝和网捕等作用使之脱离液相主体进入絮体沉淀中[92]。试验结果可知随着磷酸根浓度的增大,砷的去除效果都在降低。这个结果证明溶液中磷酸根的去除机制与砷相似。

(2) 二者都是带负电的阴离子,当溶液中同时含有磷酸根和亚砷酸根时,两者就会产生竞争吸附和沉淀。随着 PO_4^{3-} 的浓度越来越大,使 Fe^{3+} 与 PO_4^{3-}、HPO_4^{2-} 形成无色的 $H_3[Fe(PO_4)_2]$、$H[Fe(HPO_4)_2]$,这些配合物的形成使得 As 的离子吸附受到更强的竞争,因而残留于水中的砷浓度变大。由于磷的电荷量大,则依靠吸附—电中和而被除去的能力要大。

5.1.3.4　厌氧微生物对于砷、铁的还原转化的关系的影响

将浓度分别为 0 mg/L、10 mg/L、20 mg/L、50 mg/L 的 $FeCl_3$ 加入 As 浓度为 1 000 μg/L 的厌氧污泥水中,放于振荡器上匀速震荡,每隔 2 d 进行一次取样,用 0.45 μm 的滤膜过滤,以除去水样中的悬浮颗粒物。分析水样的 pH,溶解态的总 As、As(Ⅲ) 和 As(Ⅴ) 的浓度以及溶解态的 Fe(Ⅱ) 和总 Fe 的浓度。

由图 5-4 可以看出,在只含有 As、不含 $FeCl_3$ 的溶液中,pH 几乎没有变化。但在 Fe 和厌氧微生物共存的条件下,溶液的 pH 均有不同程度的降低。且初始 Fe 浓度越高,pH 的

降幅越为明显,但在 2 d 之后则随着试验的进行逐渐趋于稳定。

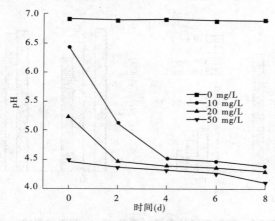

图 5-4　不同铁离子浓度溶液中 pH 随时间变化关系

　　由图 5-5 可以看出,在有厌氧微生物存在的条件下,不同浓度的铁对于砷的形态转化均有不同程度的影响,且呈现出高浓度铁盐存在条件下抑制厌氧微生物还原 As 的趋势。在反应进行初期,绝大部分的 As(V)都被转化为 As(III),但随着时间的增加,As(III)占总 As 的比例也在逐渐下降。试验进行 2 d 时,在没有铁离子存在的条件下,87.87% 的 As 被还原为 As(III),而当溶液中铁离子浓度达到 50 mg/L 时,As 的还原率仅为 63.24%。在反应进行 8 d 后,各水样中 As(III)的比例都有不同程度的降低,但总体趋势呈现出高度的一致性。

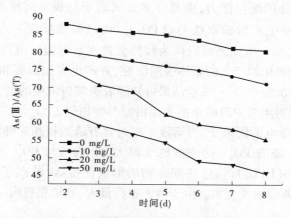

图 5-5　不同铁离子浓度溶液中 As(III)/As(T)随时间变化关系

　　由图 5-6 可以看出,在反应初期,铁离子在有厌氧微生物存在的条件下也发生了强烈的还原作用,但随着时间的增加,Fe(II)在总铁中所占的比例也在逐渐下降,这与 As 的还原趋势呈现出一致性。但铁离子初始浓度的大小对于其还原性并无很大影响,如图 5-6所示,初始浓度分别为 10 mg/L 和 50 mg/L 的铁离子,反应 8 d 后,Fe^{2+} 在总铁中的比重分别由 90.91% 变为 77.63%,88.89% 变为 80.26%。

　　Islam[93]、Stüben[94] 和 Van Green[8] 曾对孟加拉国的地下水沉积物培养,考察砷释放

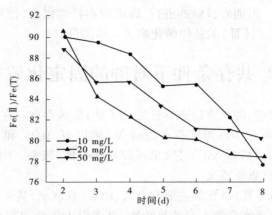

图5-6　不同铁离子浓度溶液中 Fe(Ⅱ)/Fe(T) 随时间变化关系

的机制,得出了铁的还原性溶解造成砷向环境释放的结论。环境中的砷主要与铁氧化物共存,研究表明砷释放到溶液中主要是由于铁的氧化物的还原溶解。试验过程中发现,厌氧环境条件下,As 与 Fe 都发生了还原反应。厌氧的环境造成 As 向低价态转变,而当 As 以 H_3AsO_3 形式存在时,则不能被铁的氢氧化物吸附,这就使得砷的去除效率受到影响。郭华明等的研究还表明还原菌能够加速铁氧化物或氢氧化物的还原性溶解,因此释放出砷[95]。相比之下,在环境条件下,无微生物参与时铁的氢氧化物还原性溶解速度非常低,Zachara[96] 等研究表明在使用葡萄糖作为碳源的短期培养中沉积物释放的 Fe 主要源于结晶差的 Fe 矿物相(如水铁矿),悬浮液中 Mn 含量和 As 含量之间的关系与 Fe 和 As 含量之间的关系相类似。这也可以说明土著微生物作用下 Fe/Mn 氧化物矿物的还原性溶解是导致沉积物 As 释放的主要原因之一。

　　本试验过程中仅添加葡萄糖作为微生物生长的碳源,各含 Fe 溶液中的 pH 都表现出一定程度的降低,这主要是葡萄糖的加入给微生物提供了所需要的碳源,微生物大量繁殖,分泌的有机酸使溶液的 pH 降低,除此之外,Fe 溶液的初始浓度也在一定程度上影响了溶液中 pH 的变化,Fe 初始浓度越高,对应溶液的 pH 越低,这主要是由 Fe 离子水解程度不同造成的。$FeCl_3$ 在水体中发生了如下反应:

$$Fe^{3+} + H_2O = Fe(OH)^{2+} + H^+$$
$$Fe(OH)^{2+} + H_2O = Fe(OH)_2^+ + H^+$$
$$Fe(OH)_2^+ + H_2O = Fe(OH)_3 \downarrow + H^+$$

　　随着反应的进行,溶液中的 H^+ 增多,pH 值降低,由初始的中性环境逐渐变为酸性环境。

　　厌氧微生物存在条件下,各个水样中 As(Ⅲ) 和 Fe(Ⅱ) 都呈现较高的还原转化率,且二者随时间变化的规律都表现出了一定的相似性,证实了砷的释放与铁的还原溶解有关。这主要是因为在厌氧条件下,大部分砷的存在形态为带负电荷的 $HAsO_4^{2-}$ 和 $H_2AsO_4^-$,铁以水解后表面带正电荷的 $Fe(OH)_3$ 为主要存在形式[97]。生物的活动使得溶液中的 Fe 被逐渐还原,主要以 Fe(Ⅱ) 的形式存在,这就导致原本吸附在极度分散、比表面积大的 $Fe(OH)_3$ 上的砷重新回到溶液中。另一方面,微生物能够以砷为电子受体直接将其还原,从而导致砷的释放。但随着试验的进行,碳源的不持续供应,使得微生物的活动逐渐减弱,溶液中 Fe(Ⅱ)和 As(Ⅲ)的还原转化率进一步降低。

5.2　$FeCl_2$ 与 O_2 共存条件下对砷的固定化效果

在地下水还原环境中,砷大多以强毒性的 As(Ⅲ)形式存在。在 pH < 9.5 的水体中, As(Ⅲ)主要以 H_3AsO_3 的电中性形式存在, As(Ⅴ)则以 $H_2AsO_4^-$ 和 $HAsO_4^{2-}$ 的酸根形式存在。常见的除砷方法大都对 As(Ⅴ)效果好而对 As(Ⅲ)较差。因此,预氧化工艺对于实现 As(Ⅲ)的去除具有重要意义。

目前较为常见的 As(Ⅲ)氧化剂主要有空气、纯氧、双氧水、臭氧[98]、高铁酸盐、氯气、高锰酸钾等。但由于地下水系统本身的复杂性,过多引入化学药剂必然对水体产生二次污染。因而我们首选利用空气或纯氧作为氧化剂来处理高砷地下水。部分学者也曾做了大量相关方面的研究,根据 Clifford 等的观察,200 μg/L 的 As(Ⅲ)溶液在空气下放置 7 d,只有很少一部分的 As(Ⅲ)被氧化。用空气吹洗 5 d,有 25% 的 As(Ⅲ)被氧化[99];用纯氧吹洗 60 min 将有 8% 的 As(Ⅲ)被氧化。根据 Bockelen 和 Niessne 的观察最初砷浓度为 69 ppb 的 As(Ⅲ)溶液在纯氧存在下 15 min 将有 19% 的 As(Ⅲ)被氧化[74];Kim 和 Nriagu 分别用空气和纯氧来吹洗含有三价砷的地下水,发现在 5 d 时间里有 54% 和 57% 的砷被氧化。由此不难看出,单纯氧气存在的条件下对于 As(Ⅲ)的氧化效果并不理想。然而, Roberts[100]等在利用空气作为氧化剂,比较 $FeSO_4$ 和 $Fe_2(SO_4)_3$ 除砷效果时发现,当溶液中存在竞争离子时,前者的效果明显优于后者。这主要是因为,在搅拌过程中,$FeSO_4$ 中亚铁离子被空气的氧化过程对于 As(Ⅲ)的氧化有一定的促进作用,而利用 $Fe_2(SO_4)_3$ 除砷的过程由于不存在亚铁离子的氧化而使得竞争离子严重干扰 As(Ⅲ)的吸附。

5.2.1　室内静态试验

5.2.1.1　试验方法

在有氧与无氧两种条件下考察不同 Fe/As 对固砷效果的影响。在 100 mL 棕色玻璃中添加浓度为 1 000 μg/L 的 As(Ⅲ)溶液,并按照不同的 Fe/As 向溶液中添加定量的 Fe(Ⅱ),用事先配制好的 NaOH 和 HCl 稀溶液将水样的 pH 调至 7.00 左右。

在无氧组的试验中,将各水样密封摇匀,并不定时向其中通入氮气,以极小的流速向瓶中通入氮气,防止水样中溶解氧含量增加以确保无氧环境;在有氧组的试验中,不定时通入氧气,使水样中溶解氧充分饱和(DO 值大于 20 mg/L,饱和百分比大于 200%,DO 代表溶解氧含量)。取样时用一次性注射器取出水样 20 mL,并用 0.45 μm 微孔滤膜进行过滤,水样过滤后进行砷的形态分析,剩下的溶液用于测定总溶解砷的浓度。试验结果见图 5-7。

5.2.1.2　结果与讨论

由图 5-7 可见,随着 Fe/As 的增大,溶液中的总砷浓度都呈现下降的趋势,但在有氧和无氧两种条件下,总砷浓度的变化呈现显著的不同。

以 Fe/As = 20 为例,有氧条件下溶液中总砷浓度由 1 000 μg/L 降至 157 μg/L,砷的

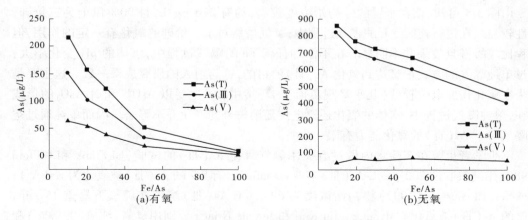

图 5-7　不同 Fe/As 对于砷去除效果的影响

去除率达到 81.3%；而当溶液中无氧时，相同条件下总砷降至 766 μg/L，去除率只有 23.4%。两种条件下砷的价态转化情况基本一致，都是 As(Ⅲ)占优势，As(Ⅴ)的含量较少。

从结果中我们可以看出，O_2 的存在对溶液中砷的浓度变化有显著影响。有氧存在时，溶液中砷的浓度都大幅度降低，而用 N_2 驱 O_2 的溶液，总砷的浓度虽然也有所降低，但降幅不如前者明显。对比两种条件下砷的价态转化情况发现，无论溶液中是否含有溶解氧，砷的存在形态均以 As(Ⅲ)为主。

5.2.2　野外现场试验

为进一步考察有氧条件下铁盐对于地下水固砷效果的影响，我们选用研究区冀氏某户的地下水作为研究对象，此户饮用的地下水砷含量在 270 μg/L 左右，因而我们按照 Fe/As = 100:1 的添加量加入 $FeCl_2$，待水中高浓度硫化氢挥发完全之后，分别在两种情况下进行曝气试验，结果如图 5-8 所示。

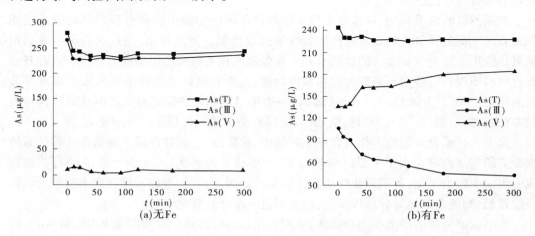

图 5-8　曝气对砷氧化效果的影响

由图 5-8 可知,该含水层的砷初始浓度较高,约有 270 μg/L,且 90% 以上为三价砷,毒性较强。在进行连续 5 h 的曝气过程中,氧气虽然对于三价砷的氧化有一定的作用,但过程比较缓慢且效果并不明显。在不添加任何 Fe 的曝气过程中,水体的 pH 变化不大,通过单纯曝气的方式很难达到氧化 As(Ⅲ)的目的,这与前人的研究成果一致。这主要是因为在氧化还原电位较低(几乎呈现负值)的环境中,As 主要以 AsO_3^{3-} 和 H_3AsO_3 的形式存在,单纯曝气过程中,水体的氧化还原电位随溶解氧的变化并不显著。因而单纯通过空气曝气对于 As(Ⅲ)的氧化能力有限。

不少学者也曾在实验室内做过有关用氧气氧化 As(Ⅲ)的试验,如 Frank 和 Clifford (1986)用纯氧吹洗 200 μg/L As(Ⅲ)溶液 60 min 后,有 8% 的 As(Ⅲ)被氧化为 As(Ⅴ);Bockelen 和 Niessner(1992)将初始浓度为 69 μg/L As(Ⅲ)溶液在纯氧下暴露 15 min,19% 的 As(Ⅲ)被氧化。Myoung - Jin Kim 和 Jerome Nriagu 分别用臭氧、纯氧(99.9%)和空气氧化 As(Ⅲ)。研究发现用臭氧氧化能够在小于 20 min 的时间内完成,96% 的 As(Ⅲ)在 10 min 之内被氧化为 As(Ⅴ),说明臭氧对砷的氧化能力很强。相对来说,纯氧和空气的氧化作用就要慢得多。可见仅以氧气作为氧化剂氧化 As(Ⅲ),速率非常缓慢且效果并不理想。

在地下水中,砷以溶解态和颗粒态砷两种形式存在。溶解砷主要是砷酸盐和亚砷酸盐,还有少量的甲基化的砷化合物。在天然地下水所具有的 Eh 和 pH(6 ~ 9)范围内,溶解态砷的主要存在形式是 $H_2AsO_4^-$、$HAsO_4^{2-}$、H_3AsO_3 和 $H_2AsO_3^-$。地下水中存在丰富的具有吸附性的颗粒物时,如黏土和氢氧化铁微粒,溶解的砷也可以被吸附形成颗粒砷。在还原性极强的条件下,地下水中的砷主要以三价的形式存在。

5.3　覆铁砂对砷的稳定化效果

在水处理工艺过程中,石英砂作为常见的普通滤料之一,以其价格低廉,机械性能好的优势而得到广泛应用[83]。

前期的试验结果表明,铁盐在中性及弱碱性环境中均能生成具有相对较高的比表面积和表面电荷的铁氧化物而对砷产生良好的固定效果。近几年来,通过在石英砂表面负载氧化铁用于处理含重金属的饮用水和工业废水的相关研究已逐渐成为热点。这种新的改性材料不仅具有普通石英砂的滤料截留功能,还能克服铁氧化物本身带来的固液难分离的问题。IOCS(Iron Oxide Coated Sand)一般采用氢氧化铁沉淀和铁盐溶液加热两种负载方法制备,对铜、铅[101]、砷、锌、铬、镉等金属或类金属具有很强的吸附能力[102]。

地下水砂质含水层由于相对含黏土矿物少,孔隙度大,而往往成为砷富集迁移的载体来源。研究区内该含水层主要以细砂为主,主要成分为 SiO_2,与市面上常见的石英砂在成分组成上较为类似,各项理化性质也比较接近。因此,我们考虑若能在含水层砂上负载一层铁膜,则能有效地对砷加以固定,防止其进一步迁移转化。

本节以研究区砂层沉积物为载体,采用氯化铁溶液加热负载法制备 IOCS,对 IOCS 的表面形态以及元素组成进行了表征,并探讨了 IOCS 吸附除砷的效果、砷在 IOCS 表面的吸附动力学模型、吸附机制以及相关环境因素对其固砷效果的影响。

5.3.1　试验仪器与试剂

仪器:奥利龙 868 酸度计,UNICO2100 可见分光光度计,AFS-830 双道氢化物发生原子荧光光谱仪,THZ-82A 水浴恒温振荡器。

试验试剂:所用试剂除另有注明外,均为符合国家标准的分析纯化学试剂,试验用水为新制备的去离子水。

主要测铁试剂(均为优级纯):铁标准储备液:准确称取 0.702 0 g 硫酸亚铁铵溶于 (1+1)硫酸 50 mL 中,转移至 1 000 mL 中容量瓶中,加水至标线,摇匀。此溶液每升含 100 mg 铁。(1+3)盐酸,10%盐酸羟胺溶液,缓冲溶液,0.5%邻菲啰啉水溶液,饱和醋酸钠溶液。

主要测砷试剂(均为优级纯):砷标准储备液:准确称取 1.320 3 g As_2O_3,用 20 mL 10%的 NaOH 溶解(稍加热),用水稀释,以 HCl 中和至溶液呈弱酸性,加入 5 mL(1+1) HCl,再用水定容至 1 000 mL。此溶液每升含 1 000 μg As(Ⅲ);准确称取 Na_3AsO_4 配制 As(Ⅴ)溶液;此溶液每升含 1 000 μg As(Ⅲ);3%盐酸,5%硫脲-5%抗坏血酸溶液, 0.5%氢氧化钾-2%硼氢化钾溶液。

5.3.2　实验方法

(1)覆铁砂的制备:用 $FeCl_3 \cdot 6H_2O$ 配制浓度分别为 100 mg/L、200 mg/L、500 mg/L、 1 000 mg/L 的 Fe^{3+} 溶液。选取山西高砷地下水地区的含水层砂土介质,先用 pH=1 的 HCl 溶液浸泡 24 h,待用双蒸水洗净后,在 110 ℃下烘干。分别取 5 份质量为 80 g 的砂土与 80 mL 不同浓度的 Fe^{3+} 溶液混合置于烧杯中,煮沸近干(期间不断搅拌),再转入烘箱干燥,过 0.45 mm 筛,低温干燥保存。利用环境扫描电镜(连有能谱扫描,Quanta200,荷兰)对覆铁砂及未经 Fe^{3+} 溶液处理的空白砂进行了形貌分析和点成分分析。

(2)动力学试验方法:移取 20 mL 上述含砷溶液与 2.0 g IOCS 混合装入 50 mL 聚四氟乙烯塑料瓶中,封好,置于恒温振荡摇床箱中分别在 25 ℃的温度下震摇,预定时间后取上清液用 0.45 μm 聚碳酸酯膜(Millipor)过滤。滤液采用原子吸收分光光度计 (AA320CRT 型)测定剩余的 As 浓度。t 时刻的吸附量 q_t 根据质量平衡由式(5-1)计算确定:

$$q_t = (C_0 - C_t) \times V/m \tag{5-1}$$

式中　q_t——t 时刻的吸附量,μg/g;

C_0——初始时刻溶液中 As 的质量浓度,μg/L;

C_t——t 时刻溶液中 As 的质量浓度,μg/L;

V——溶液体积,L;

m——IOCS 投加量,g。

(3)等温吸附试验方法:在两批各 7 个 50 mL 的聚四氟乙烯塑料瓶中分别加入 2.00 g 已制备好的 IOCS 和 pH=7 的初始浓度分别为 100 μg/L、200 μg/L、500 μg/L、1 000 μg/L、 1 500 μg/L、2 000 μg/L 的 As(Ⅲ)和 As(Ⅴ)溶液 30 mL,通入 N_2 驱氧后密封,置于 25 ℃ 恒温水浴锅中避光震荡 24 h 后,静置取上清液测定溶液中剩余 As(Ⅲ)浓度,每个样品做一个平行样。

5.3.3 结果与讨论

5.3.3.1 IOCS 的表征

据图 5-9 的 SEM 表征可以看出,随着初始铁溶液浓度的增加,IOCS 表面相比未经处理的砂粒表面相比,白色颗粒物逐渐增多,表面粗糙。据图 5-10 能谱扫描结果显示,未负载的砂质颗粒表面相对光滑,主要成分是 SiO_2,未见有 Fe 元素的谱线;而覆铁砂上的白色颗粒物出现了 Fe 元素谱线,且随着加入铁溶液浓度的升高,颗粒物上的含铁量的质量比逐渐提高(Fe^{3+} 溶液浓度从左至右依次为 0 mg/L、100 mg/L、200 mg/L、500 mg/L、1 000 mg/L)。逐渐形成一层不均匀的氧化铁膜。据研究,铁在覆铁砂表面以氧化铁形式存在,此制备条件下主要以 $\alpha - Fe_2O_3$、$\beta - FeOOH$ 形态存在[103];其比表面积提高 5 ~ 10 倍以上,吸附容量大大增加;等电点的 pH 提高,使覆铁砂在中性条件下,表面带正电荷,有利于其对带负电物质的吸附。能谱图中高含量的 Cl^- 主要源于 Fe 的水解。

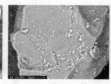

图 5-9 空白砂和覆铁砂的电镜扫描图

5.3.3.2 各动力学模型对 IOCS 吸附砷的拟合分析

吸附动力学试验结果如图 5-11 所示,从图中可以看出,As(Ⅲ)和 As(Ⅴ)在各浓度覆铁砂上的吸附速率呈现相同的趋势,在初期较快,但是 480 min 以后,随着反应时间的进行,吸附逐渐达到平衡,反应速率变慢,且覆铁砂表面铁含量越高,达到平衡所需的时间越短。各浓度覆铁砂对砷的最大吸附能力见表 5-1。

由图 5-12 可以看出,固液分配系数 K_d 与覆铁砂表面 Fe 浓度成正比关系,且随着时间的增加逐渐增大,但低浓度覆铁砂的 K_d 值变化较小,这主要是由于固体表面吸附的 As 含量相对于溶液中剩余的 As 含量较小。而高浓度覆铁砂表面上的 As 覆盖率变低,未达到吸附饱和,溶液中 As 的剩余浓度较低,故 K_d 值增加的速率较快。试验数据表明,砂土介质及覆铁砂对 As(Ⅲ)的吸附容量及速率均小于 As(Ⅴ)。

拟合结果表明,各动力学方程对 As(Ⅲ)的拟合效果都好于 As(Ⅴ)。准二级反应动力学方程对吸附过程的拟合效果最好。Elovich 方程对 As(Ⅲ)和 As(Ⅴ)的拟合效果都不是很理想(见图 5-13),且低浓度覆铁砂在三价砷的吸附过程中拟合所得的 a 为负值,偏离试验结果,相关性较差。具体相关方程见表 5-2。

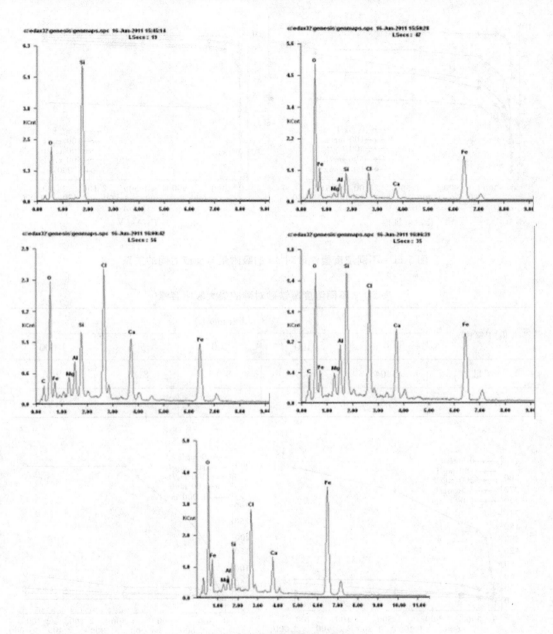

图 5-10　空白砂和覆铁砂的能谱图

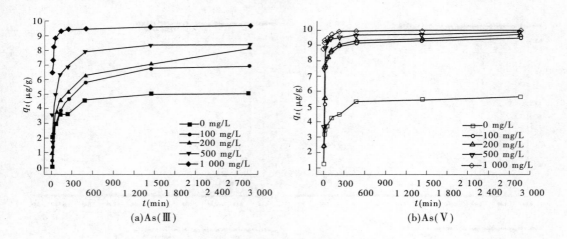

图 5-11 不同浓度覆铁砂对 As 的吸附量与反应时间的关系

表 5-1 不同浓度覆铁砂对砷的最大吸附容量

$q_t(\mu g/g)$	Fe(mg/L)				
	0	100	200	500	1 000
As(Ⅲ)	5.04	6.9	8.15	8.41	9.7
As(Ⅴ)	5.62	9.48	9.72	9.88	9.99

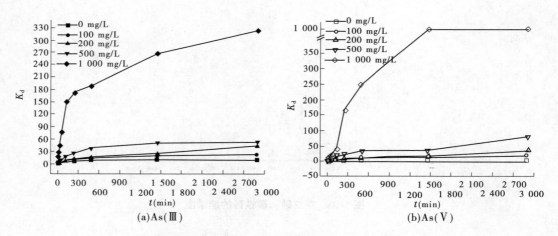

图 5-12 不同浓度覆铁砂对 As 的固液分配系数 K_d 与反应时间的关系

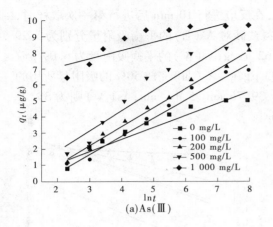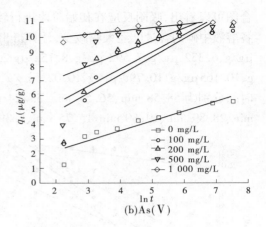

(a)As(Ⅲ)　　　　　　　　　(b)As(Ⅴ)

图 5-13　不同浓度覆铁砂对 As 的吸附动力学 Elovich 模型拟合

表 5-2　不同浓度覆铁砂对 As 的吸附动力学模型方程描述

Fe(mg/L) 模型		Elovich 方程 $q_t = a + b \times \ln t$	Freundlich 修正方程 $\ln q_t = \ln k + 1/m \cdot \ln t$	准二级反应动力学方程 $\dfrac{1}{q_t} = (1 + \dfrac{T}{t})/q_e$
As (Ⅲ)	0	$q_t = 0.721\,51\ln t - 0.159\,82$	$\ln q_t = 0.212\,62\ln t + 0.114\,66$	$1/q_t = 11.075\,12/t + 0.188\,85$
	100	$q_t = 1.117\,37\ln t - 1.530\,39$	$\ln q_t = 0.338\,13\ln t - 0.482\,48$	$1/q_t = 8.923\,98/t + 0.157\,91$
	200	$q_t = 1.198\,69\ln t - 1.351\,14$	$\ln q_t = 0.306\,92\ln t - 0.168\,95$	$1/q_t = 7.275\,82/t + 0.131\,72$
	500	$q_t = 1.266\,52\ln t - 0.633\,75$	$\ln q_t = 0.271\,74\ln t + 0.254\,49$	$1/q_t = 4.877\,89/t + 0.122\,67$
	1 000	$q_t = 0.524\,95\ln t + 6.134\,82$	$\ln q_t = 0.063\,15\ln t + 1.844\,62$	$1/q_t = 0.537\,48/t + 0.103\,95$
As (Ⅴ)	0	$q_t = 0.640\,08\ln t + 0.863\,69$	$\ln q_t = 0.192\,44\ln t + 0.368\,85$	$1/q_t = 5.579\,08/t + 0.164\,06$
	100	$q_t = 1.048\,7\ln t + 2.349\,98$	$\ln q_t = 0.175\,14\ln t + 1.089\,04$	$1/q_t = 2.841\,97/t + 0.098\,37$
	200	$q_t = 0.991\,22\ln t + 2.935\,21$	$\ln q_t = 0.170\,23\ln t + 1.140\,56$	$1/q_t = 2.741\,44/t + 0.096\,26$
	500	$q_t = 0.748\,14\ln t + 4.917\,51$	$\ln q_t = 0.110\,3\ln t + 1.571\,62$	$1/q_t = 1.571\,74/t + 0.099\,77$
	1 000	$q_t = 0.196\,6\ln t + 8.949\,61$	$\ln q_t = 0.020\,69\ln t + 2.160\,82$	$1/q_t = 0.140\,29/t + 0.100\,77$

　　Freundlich 修正方程如图 5-14 所示,由图可知,该方程对 As(Ⅲ)的拟合较差,出现与 Elovich 相同的初始速率呈现负值的情况,与实际情况不符,因而不用做反应方程。但对 As(Ⅴ)的吸附过程拟合要好于 As(Ⅲ),速率常数 k 降低则 $1/m$ 增大,$1/m$ 降低则 k 增大,各浓度覆铁砂对 As(Ⅴ)吸附过程的初始速率常数随 Fe 浓度的升高呈现递增的趋势,而 $1/m$ 则呈现负相关,这与实际情况相符。

　　准二级反应方程拟合结果如图 5-15 所示,它反映的是最大吸附量和 50% 吸附量耗时,因此一般对吸附初始阶段的拟合效果较差,对反应一定阶段之后的拟合效果较好。结合图可以看出,吸附反应在初始阶段进行较快,在反应进行 10 min 后进行第一次取样时,各溶液中砷的含量已经大幅减少,计算得出各覆铁砂对 As(Ⅲ)的平衡吸附量分别为 5.29 μg/g、6.332 μg/g、7.592 μg/g、8.152 μg/g、9.62 μg/g;As(Ⅴ)的平衡吸附量为 6.09 μg/g、10.165 μg/g、10.799 μg/g、10.023 μg/g、9.93 μg/g。As(Ⅲ)完成 50% 的吸附量所用的时间分别为 58.58 min、56.51 min、55.24 min、39.76 min、5.14 min;As(Ⅴ)则为 33.98 min、28.89 min、29.60 min、15.75 min、1.39 min。

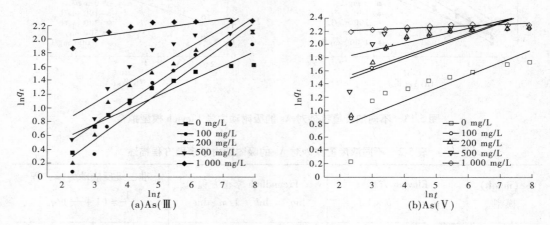

图 5-14　不同浓度覆铁砂对 As 的吸附动力学的 Freundlich 模型拟合

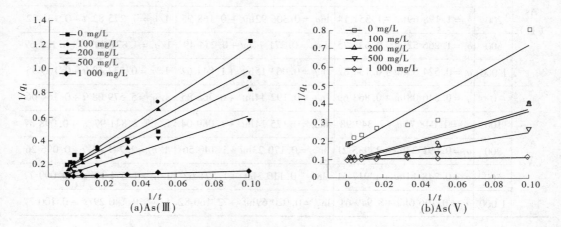

图 5-15　不同浓度覆铁砂对 As 的吸附动力学的准二级反应模型拟合

　　综上所述,由一级反应动力学方程修正推导的 Elovich 方程和 Freundlich 方程对本试验的拟合效果都不佳。这是由它们的方程特性决定的,相对准二级方程而言,前者两种模型更适合于反应前期的拟合,而这里的前期指的主要是反应开始的短时间内。

　　由图 5-16 我们可以看出,各浓度覆铁砂对砷的吸附呈分段趋势。这与姜永清[104]等先前的研究结果一致,他们认为,将 Elovich 分段可以提高拟合程度,且充分反映吸附过程的阶段性。这主要是由于被吸附在非交换性点位上的砷酸根离子阻碍了其他砷酸根离子被吸附到交换性点位上,从而使其在表面的扩散速率受到影响。土壤胶体为双电层结构,水解的 Fe 与之共同形成了以正电荷为主的垫层结构,带负电的砷酸根离子很快通过双电层达到带正电胶体表面,减少了点位离子层与扩散层之间的电势差,当其方向发生逆转时,会形成反离子层,阻碍砷酸根的进一步扩散。因此,在吸附开始时期,扩散系数和吸附速率都比较大,随着时间延长,逐渐趋于平衡[105]。

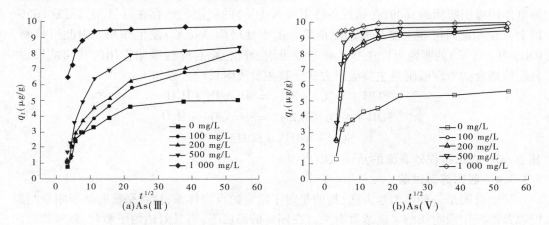

图 5-16　不同浓度覆铁砂对 As 的粒内扩散动力学吸附力学描述

5.3.3.3　吸附机制探讨

本试验使用覆铁砂用 $FeCl_3$ 加热负载制备,因而对 As 的吸附主要依赖于表层 Fe 的水解和砂土介质自身的吸附作用。$Fe(Ⅲ)$ 发生水解作用,如下:

$$Fe^{3+} + H_2O = Fe(OH)^{2+} + H^+$$

$$Fe(OH)^{2+} + H_2O = Fe(OH)_2^+ + H^+$$

$$Fe(OH)_2^+ + H_2O = Fe(OH)_3 \downarrow + H^+$$

覆铁砂对 As(Ⅲ)的吸附机制:Kundu S 等在研究中认为,砷的吸附行为主要是由于含砷离子与矿物表面 Fe 原子四周的 OH^- 等配位体发生交换的结果[106]。在水溶液中,亚砷酸的平衡方程及 pKa 如下:

$$H_3AsO_3 + H_2O = H_2AsO_3^- + H_3O^+ \quad pKa = 9.22$$

$$H_2AsO_3^- + H_2O = HAsO_3^{2-} + H_3O^+ \quad pKa = 12.13$$

$$HAsO_3^{2-} + H_2O = AsO_3^{3-} + H_3O^+ \quad pKa = 13.4$$

由前期的试验结果可以推断,三价砷在吸附剂上的吸附分为内外双层吸附两个阶段。首先发生物理吸附,IOCS 表面会对具有极性的 H_3AsO_3 分子产生吸附,形成外圈型表面络合物,吸附过程很快,但是此种结合并不稳定,随着外部条件的变化会被解吸下来[107];同时也发生静电吸附。覆铁砂表面产生的正电荷,由于静电作用使吸附显著增强,对 $H_2AsO_3^-$ 产生静电吸附,使得反应向右进行,而后同时三价砷由吸附剂表面向矿物内部扩散,向结合作用更加紧密的吸附位迁移,发生共价键结合的化学吸附,形成内圈型表面络合物,即专属吸附,但这个过程相对较慢。起吸附作用的主要还是 IOCS 的氧化物活性表面,专性吸附的产生主要是含砷离子通过与氧化物表面活性表面上的羟基或水合基团发生配位体交换而产生的[108]。两个阶段同时进行,由外及里,先快后慢,但内圈型表面络合物比外圈型结合更加稳定。

覆铁砂对 As(V)的吸附机制:砷酸 H_3AsO_4 的 $pKa_1 = 2.24$、$pKa_2 = 6.76$、$pKa_3 = 11.60$,在 $pH = 4.0 \sim 10.0$ 的常见水体中,主要以 $H_2AsO_4^-$ 和 $HAsO_4^{2-}$ 阴离子形态存在。IOCS 在溶液中发生表面 Fe 的水解,表面带正电荷,因此在酸性及近中性条件下可以通过静电作用吸引吸附砷;同时在碱性条件下对 As(V)的吸附仍然存在并且相当可观(65% 以上),说明此时可能主要是通过配位络合的专性吸附 As(V)发生作用。由此可推测,IOCS 对 As(V)的吸附可能是静电非专性吸附及配位络合专性吸附作用的共同结果,并且配位络合的专性吸附是主要吸附方式。其主要吸附反应过程如下:

$$SOH + AsO_4^{3-} + 3H^+ = SH_2AsO_4 + H_2O$$
$$SOH + AsO_4^{3-} + 2H^+ = SH_2AsO_4^- + H_2O$$
$$SOH + AsO_4^{3-} = SOHAsO_4^{3-}$$

其中 SOH 表示覆铁砂表面的活性吸附点位。

5.3.3.4　吸附等温试验

等温吸附是一种热力学方法,指的是对于给定的反应体系,达到平衡时的吸附量与温度以及溶液中吸附质的平衡浓度有关。在固定的温度下,当吸附达到平衡时,颗粒物表面上的吸附量 Q_e 与溶液溶质平衡浓度 C_e 之间的关系,可用吸附等温线表示,它常被用来描述吸附质在溶液与吸附剂之间的平衡分配。

由图 5-17 和图 5-18 可以看出,随着 As 起始浓度的增加,各浓度条件下制备的 IOCS 对砷的吸附量逐渐增加,但砷的吸附量的增加幅度随着起始浓度的增加而逐渐降低,及吸附率在下降。这主要是因为在一定的条件下,覆铁砂对砷离子的吸附点位是一定的,随着砷加入量的增加,固体表面可被利用的点位则逐渐减少,单分子层吸附饱和,所以增幅逐渐减小。且可以看出,As 的去除率与覆铁砂的浓度而呈现正相关的趋势,As(Ⅲ)的去除率低于As(V)。

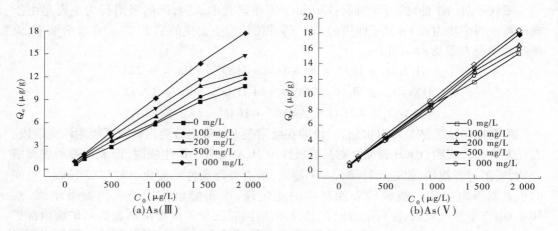

图 5-17　不同浓度的 IOCS 对 As 吸附量 Q_e 与初始 As 浓度 C_0 之间的关系

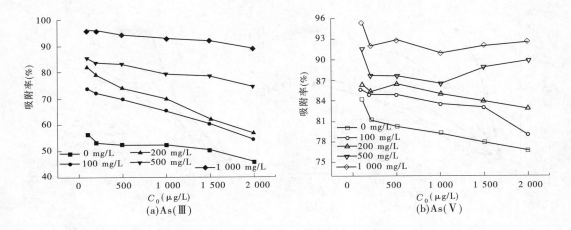

图 5-18　不同浓度的 IOCS 对 As 吸附率与初始 As 浓度之间的关系

5.3.3.5　等温吸附模型拟合分析

等温吸附方程在溶质运移,特别是污染物在地质环境中的运移方面,具有重要的意义。常见的吸附理论模型有线性吸附模型、Langmuir 模型和 Freundlich 模型。本试验选用 Langmuir 模型和 Freundlich 模型对覆铁砂吸附 As(Ⅲ)和 As(Ⅴ)的过程进行拟合。

Langmuir 方程假定,在整个表面上吸附力是恒定的,不随盖度(单位吸附面积上被吸附离子所占据面积的百分数)而改变,其数学表达式为:

$$Q = Q_{\mathrm{m}} \cdot C_{\mathrm{e}} / (b + C_{\mathrm{e}}) \tag{5-2}$$

变换可得:

$$1/Q = b/Q_{\mathrm{m}} \cdot C_{\mathrm{e}} + 1/Q_{\mathrm{m}} \tag{5-3}$$

式中　C_{e}——平衡液的浓度;

　　　Q——吸附量;

　　　Q_{m}——最大吸附量;

　　　b——与吸附能有关的常数,以 $1/Q$ 对 C_{e} 作图。

根据 Langmuir 理论,被吸附的分子或离子有一定的时间可以停留在活性中心上,然后又脱离开吸附剂,原本被吸附的 As(Ⅲ)和 As(Ⅴ)可以脱离固体表面,这就意味着溶液内覆铁砂和砷之间存在着一定的平衡关系。当整个覆铁砂表层的吸附速度与解吸速度相等时,吸附过程达到平衡状态如图 5-19 所示。通过方程计算可得覆铁砂对 As 的吸附能力随着铁浓度的增加逐渐升高,以经 10 mg/g 处理过的 IOCS 为例,其对 As(Ⅲ)和 As(Ⅴ)的最大吸附容量分别达到 14.8 mg/g、16.57 mg/g,表明覆铁砂对溶液内的砷有较强的固定能力,而方程中的 b 与吸附能有关,$1/b$ 越大表明吸附能力越强,由表 5-3 可以看出,覆铁砂对砷的吸附能力随着表面 Fe 浓度的增大而增大。Freundlich 方程是经验方程,应用范围比 Langmuir 方程要广,其数学表达式为

$$Q = kC^{\frac{1}{n}} \tag{5-4}$$

Freundlich 方程两边取对数得:$\lg Q = \lg k + \dfrac{1}{n}\lg C$。其中,$K$、$\dfrac{1}{n}$ 为与最大吸附量和吸附能有关的两个常数。

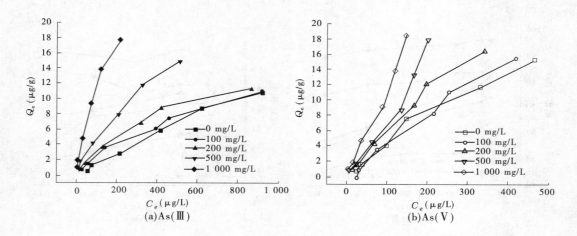

图 5-19　不同浓度 IOCS 对 As 的吸附等温线

表 5-3　不同浓度覆铁砂对 As 的等温吸附模型方程参数描述

模型		Langmuir			Freundlich		
Fe(mg/L)		a	b	R^2	a	b	R^2
As（Ⅲ）	0	0.082 3	101.954 2	0.724 8	−1.974 6	1.034 0	0.915 6
	100	0.067 6	34.542 3	0.996 8	−1.178 8	0.766 0	0.963 8
	200	0.061 3	20.924 0	0.985 0	−1.075 9	0.759 8	0.986 1
	500	0.506 3	14.250 7	0.809 0	−0.692 1	0.690 3	0.982 5
	1 000	0.049 3	3.961 1	0.998 6	−0.417 2	0.634 3	0.985 7
As（Ⅴ）	0	0.015 5	32.811 5	0.874 8	−1.441 0	1.008 9	0.929 6
	100	0.060 3	30.071 8	0.751 7	−1.324 2	0.980 3	0.893 2
	200	0.014 7	15.703 4	0.997 8	−1.124 3	0.940 8	0.973 9
	500	0.060 5	8.977 7	0.976 5	−0.972 6	0.929 1	0.947 8
	1 000	0.069 8	5.092 8	0.982 1	−0.663 0	0.794 5	0.951 7

　　Freundlich 方程中 k 为系数，$1/n$ 为指数。k 表示溶液中的最大吸附量，可作为吸附强度的指标，决定曲线的形状，$1/n$ 反映吸附的非线性度，是吸附强度，$1/n$ 越大表示土壤的约束力越弱。需要指出，Freundlich 方程的 k 值是与最大吸附量有关的常数，而本身并非最大吸附值。

　　用以上两种等温吸附模型对各浓度覆铁砂吸附砷的数据进行拟合分析，计算出各方程的函数值，拟合曲线和试验数据点见图 5-20 和图 5-21，所得拟合等温吸附方程式各参数见表 5-3。

　　根据吸附等温方程对各浓度覆铁砂的拟合结果，选取 Freundlich 方程作为最佳吸附模型，分别将系数 lg$k$ 和 $1/n$ 代入表达式可得各浓度覆铁砂对砷的等温吸附模型见表 5-4。

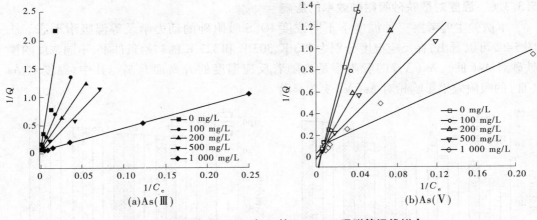

图 5-20 不同浓度 IOCS 对 As 的 Langmuir 吸附等温线拟合

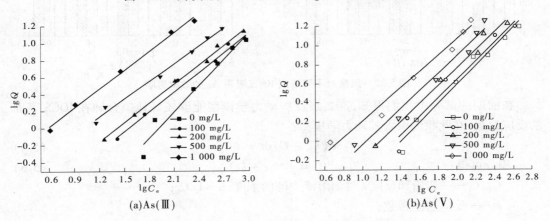

图 5-21 不同浓度 IOCS 对 As 的 Freundlich 吸附等温线拟合

表 5-4 不同浓度覆铁砂对 As 的 Freundlich 等温吸附模型方程

模型 Fe(mg/L)	Freundlich 方程模型	
	As(Ⅲ)	As(Ⅴ)
0	$Q = 0.011C^{1.03}$	$Q = 0.036C^{1.01}$
100	$Q = 0.066C^{0.77}$	$Q = 0.047C^{0.98}$
200	$Q = 0.084C^{0.76}$	$Q = 0.075C^{0.94}$
500	$Q = 0.203C^{0.69}$	$Q = 0.107C^{0.93}$
1 000	$Q = 0.38C^{0.63}$	$Q = 0.217C^{0.79}$

由以上方程可以看出,指数 $1/n$ 随着覆铁砂表面的 Fe 浓度增大而减小,说明高浓度处理过的 IOCS 对于 As 具有更强的约束能力,当 As 被固定在介质颗粒表面之后,不易脱离下来,因此迁移性也会随之降低。

5.3.3.6　温度对覆铁砂吸附砷效率的影响

本试验主要考察三种温度下不同浓度 IOCS 吸附砷的动力学及等温吸附形态。从图 5-22 可以看出,在反应温度分别为 293 K、303 K 和 323 K 的初始条件下,不同浓度的覆铁砂对 As(Ⅲ)、As(Ⅴ)的吸附容量均随着反应温度的升高而升高。其中,温度对 As(Ⅲ)的吸附效果影响相对 As(Ⅴ)更为显著。

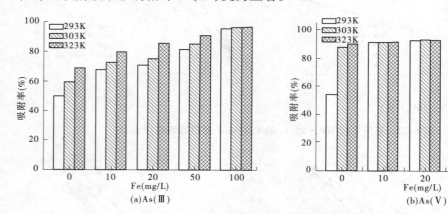

图 5-22　温度对不同浓度 IOCS 吸附 As 的效率影响

在前期的试验中我们得知,准二级反应动力学模型能够较好地拟合砷在 IOCS 表面的反应过程,在此我们引入其动力学模型:

$$\mathrm{d}(C_0 - C)\,\mathrm{d}t = kC_t^2 \tag{5-5}$$

积分可得:

$$C_t = 1/(\alpha + kt) \tag{5-6}$$

式中　C_0、C_t——初始和反应 t 时刻溶液中砷的浓度,$\alpha = 1/C_0$;

k——反应速率常数;

t——反应时间。

我们以用 100 mg/L 的 Fe 处理过的 IOCS 为例,将三种温度下的反应动力学数据通过准二级反应动力学进行拟合,结果见表 5-5。

表 5-5　准二级反应动力模型随温度变化参数

温度 T(K)	α	k	R^2
293	0.001 1	0.008	0.995
303	0.009 7	0.011	0.993
323	0.009 4	0.015	0.99

由表 5-5 可以看出,随着反应温度的升高,反应速率常数也逐渐增大,据此我们可以推断,IOCS 对砷的吸附属于吸热反应。Elovich 公式主要用于对反应活化能的求解,其表达式为

$$k = A\exp(-E_\mathrm{a}/R \cdot T) \tag{5-7}$$

其线性表达式为

$$\ln k = \ln A - E_\mathrm{a}/R \cdot T \tag{5-8}$$

式中　k——反应速率常数；

　　　A——指前因子；

　　　E_a——反应活化能；

　　　R——理想气体常数；

　　　T——绝对温度。

　　根据不同温度下 As 吸附动力学的相关试验数据，以 $\ln k$ 对 $1\,000/T$ 作一条直线，则所得直线的斜率为 IOCS 对 A_s 的吸附活化能 E_a。由于该反应并不属于基元反应，所求出的 E_a 只是表观活化能，因而我们判定，IOCS 吸附砷的反应是温度是轻度敏感的，这与试验结果所得数据相符。

5.3.3.7　pH 对覆铁砂固砷效率的影响

　　不同浓度覆铁砂在不同 pH 条件下吸附去除 As(Ⅲ)、As(Ⅴ)的效果如图 5-23 所示，在不同的 pH 范围(3～10)内，其吸附去除 As 的效果明显好于未经处理的砂质介质。

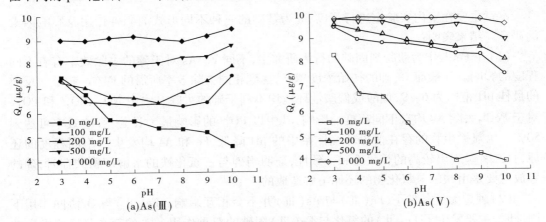

图 5-23　pH 对不同浓度 IOCS 吸附 As 的效率影响

　　由图 5-23 可以看出，原砂土介质对 As(Ⅲ)、As(Ⅴ)的吸附随 pH 的变化趋势相同。吸附量均呈现随 pH 的升高而下降的变化。可见零点电荷对矿物的吸附具有重要的意义。当水中 pH 低于 PZC 时，矿物具有吸附阴离子的能力，会对 H_2AsO_3 产生较强吸附，而当水中 pH 高于 PZC 时，矿物具有吸附阳离子的能力，基本不对阴离子产生吸附，只能对 H_3AsO_3 分子产生表面极性吸附，形成并不牢固的外圈型表面络合物。因此，砂土矿物对砷的吸附能力依赖于矿物本身的 pH、PZC 和溶液的 pH。

　　砷的吸附行为主要是由于含砷离子与矿物表面 Fe 原子四周的 OH^- 等配位体发生交换的结果。在水溶液中，亚砷酸的平衡方程及 pKa 如下：

$$H_3AsO_3 + H_2O = H_2AsO_3^- + H_3O^+ \quad pKa = 9.22$$

$$H_2AsO_3^- + H_2O = HAsO_3^{2-} + H_3O^+ \quad pKa = 12.13$$

$$HAsO_3^{2-} + H_2O = AsO_3^{3-} + H_3O^+ \quad pKa = 13.4$$

由上式可以看出，随着 pH 的升高，H_3AsO_3 解离度增加，生成大量表面带负电的亚砷酸盐，它们与溶液中的 OH^- 等配位体发生交换。因而使得吸附量增加。

　　$FeCl_3$ 在水解过程中形成的 $Fe(OH)_3$ 颗粒物表面的净电荷为正电荷，这种正电荷的数量受水的 pH 的影响,而 As^{5+} 在水源水中主要以 $H_2AsO_4^-$ 和 $HAsO_4^{2-}$ 两种阴离子的形式存在,相对带负电,能通过表面络合作用被吸附于 $Fe(OH)_3$ 颗粒物上。新生态 $Fe(OH)_3$ 絮体吸附 $H_2AsO_4^-$ 和 $HAsO_4^{2-}$ 或者与其发生共沉淀作用,从而达到去除 $As(V)$ 的目的。pH 的增加减少了 $Fe(OH)_3$ 胶体表面的正电荷吸附位点,减弱了对带负电荷的 $H_2AsO_4^-$ 离子的吸附作用。此外,OH^- 是很强的配合基,容易与 $H_2AsO_4^-$ 竞争吸附位点,原水 pH 的增高,提高了水中 OH^- 的浓度,减弱了 $Fe(OH)_3$ 胶体对砷酸盐的吸附效果。

有学者研究发现,在 $pH = 6 \sim 10$,$As(V)$ 主要以 $H_2AsO_4^-$ 和 $HAsO_4^{2-}$ 存在。随着 pH 升高,$Fe(OH)_3$ 的表面能降低,当 pH 超过 $Fe(OH)_3$ 的零点电位($pH_{PZC} = 7.9$)时,其粒子表面带有负电荷,不利于吸附水中带负电的砷离子形态。

5.4　本章小结

本章主要在室内实验室进行了以 Fe 为基础的三种不同形式的固砷作用及影响因素的研究。结果表明:

(1)在 $FeCl_3$ 作为絮凝剂固砷的行为研究中,不同 Fe/As 对于砷的去除效率有着不同程度的影响。一般而言,砷的初始浓度越高,达到相同去除效率所需的 Fe/As 越低。反应的最佳 pH 范围为 $6 \sim 9$,偏酸或偏碱性环境均不利于砷的去除。水中 NO_3^-、SO_4^{2-} 和 PO_4^{3-} 对于 $FeCl_3$ 去除 As 均有不同程度的影响,其中以 PO_4^{3-} 的影响最为显著,影响效率可达到 50%。厌氧微生物的存在使得环境体系中的 pH 降低,Fe 和 As 均发生了不同程度的还原,且二者呈现出较高的相关性和一致性,证明当砷与三氯化铁的水解产物共存时,砷的释放主要是由铁的氢氧化物的还原溶解造成的。

(2)理想无氧条件下,$Fe(II)$ 与 $As(III)$ 并不会相互影响。$Fe(II)$ 与 O_2 协同作用下固砷时,主要发生了 $Fe(II)$ 的氧化与 $Fe(III)$ 固砷的双重作用。O_2 的存在是反应发生的前提条件。野外现场试验则进一步证实了以上结论,加入 $Fe(II)$ 曝气后的处理的高砷地下水,能够在短时间内达到国家饮用水相关标准。

(3)覆铁砂对砷的吸附性能较好,且对 $As(III)$ 的去除率大于 $As(V)$。去除率和固液分配系数都随着 Fe 浓度的增加而增加。准二级反应动力学模型能更好地描述 As 在覆铁砂表面的吸附过程。拟合结果与试验结果接近。吸附模型的拟和优劣顺序依次为准二级模型 > Freundlich 修正方程 > Elovich 模型 > 粒内扩散模型。$As(III)$ 在覆铁砂表面的吸附分为内外双层吸附两个阶段。首先是表面的物理和静电吸附,形成外圈型表面络合物;接着由吸附剂表面向矿物内部扩散,发生共价键结合的化学吸附,形成内圈型表面络合物,即专属吸附。IOCS 对 $As(V)$ 的吸附可能是静电非专性吸附及配位络合专性吸附作用的共同结果,并且配位络合的专性吸附是主要吸附方式。等温吸附平衡试验则表明:Freundlich 的拟合效果较好。不同浓度的覆铁砂对 $As(III)$,$As(V)$ 的吸附容量均随着反应温度的升高而升高。其中,温度对 $As(III)$ 的吸附效果影响相对 $As(V)$ 更为显著。不同浓度覆铁砂在不同 pH 条件下吸附去除 $As(III)$,$As(V)$ 的效果明显好于未经处理的砂质介质,但都呈现吸附量随 pH 的升高而略微下降的变化。

第 6 章　含水层中砷的稳定化环境研究

地下水中砷的去除研究是世界性热门话题,也是前沿性研究课题,至今全世界许多科学家尚在探索之中,具有广泛的世界性需求。自 20 世纪 80 年代国外开展地下水污染治理至今,地下水污染修复技术在大量的实践应用中得以不断改进和创新。较典型的地下水污染修复技术主要有异位修复(Ex-situ)[109]、原位修复(In-situ)[110]和监测自然衰减修复(Monitored Natural Attenuation)等技术[111]。

砷的原位处理技术首次在 1971 年被应用于西德科隆附近的地下水砷污染修复。研究者通过向地下水流中添加 $Ca(OH)_2$ 溶液,使 As_2O_3 作为 $Ca_3(AsO_4)_2$ 沉淀下来。在长期的监测过程中,学者发现,溶液中的 pH 和 Eh 一起向较高的数值发生了移动,溶解性的砷总量有很大的降低。由于渗漏,地下水中的砷主体形式由 As(Ⅲ)逐渐变为 As(Ⅴ),且亚铁离子逐渐被氧化为正铁离子。氧气的进入使得地下水内的溶解氧增加,这个作用大大促使了 $FeAsO_4$ 的沉淀。

砷在地下含水介质中赋存形式是多种多样的,研究其主要状态有铁锰氧化物吸附态、有机质吸附态、硅酸盐及碳酸盐吸附态,但已有研究表明铁锰形态对砷的吸附与迁移起着最主要的作用;砷组分相态分为三价与五价,均主要以络合物形式存在,其相互转化主要是氧化还原作用;迁移与富集则是受控于赋存状态、组分相态和转化的联合作用。

近年来,以 Fe 为主要原材料的 PRB 技术也逐渐成为研究的热点之一[112]。向浅层地下含水层注入铁盐,有助于增加地下介质中铁的氧化物(注入氧气使地下介质中二价铁离子转化为三价铁,同样具有增加铁的氧化物的作用),对于铁质含量较少的含水层将得到修复,使砷固定性增加。因此,若能增强地下水氧化环境,改变砷的存在形式,增加地下介质铁的氧化物含量,就可以从根本上修复高砷地下含水层,使砷固定于地下介质中不能随水发生迁移。

6.1　砷在砂质含水层中的物理性迁移

污染物在地下水中环境行为主要有对流、弥散、吸附及阻滞等物理性迁移、污染物在迁移过程中同时发生化学转化或生物转化等物理化学性迁移。柱试验方法常被用作地下水中溶质迁移的模拟研究。为了考察砷在砂土介质中的物理性迁移规律,用砂质固相介质填装砂柱,模拟砷在一维的半无限长砂柱中稳定流饱和态下的迁移。

As 在砂柱内的迁移按照连续输入的方式进行,分别考察 As(Ⅲ)和 As(Ⅴ)在 2 mm 砂柱介质内的迁移规律。模拟试验进行过程中,实时收集流出液做监测分析,待 As 穿透砂柱,试验结束。

砷在地下含水层中的迁移转化受到内在因素和外在因素的共同作用。内在因素主要是指污染物自身的物理化学性质,如离子半径、电负性等,外在因素则是指如机械弥散、分子扩散等水动力弥散,机械过滤及 Eh、pH、生物化学作用等有关物理化学吸附、溶解沉淀的作用[113]。含水层的介质类型对于砷的迁移转化也有着重要的影响。图 6-1 表示了不同价态的 As 在砂质含水层中的含量随进水体积的变化规律。

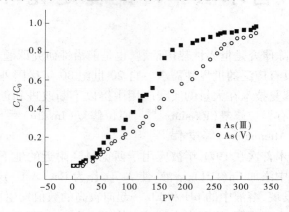

图 6-1　As 在试验砂柱中的穿透曲线

从图 6-1 中可以看出,出水砷含量不断增加,进水孔隙体积达到一定时,As 的浓度变化减缓,趋于水平,这个点位即穿透点。不同价态的 As 在穿透曲线上显出一致性,但 As(Ⅲ)的迁移速度略快于 As(Ⅴ)。对于 2 mm 粒径的实验室自制砂样,As(Ⅲ)、As(Ⅴ)分别在进水 220 个和 300 个孔隙体积左右达到穿透状态,根据前期所描述的迟后方程,我们不难算出 As(Ⅲ)和 As(Ⅴ)在 2 mm 砂质颗粒介质中的迁移速率分别为在地下水流速的 1.080% 和 0.91% ,也就是说,当地下水迁移 1 000 m 时,As(Ⅲ)和 As(Ⅴ)分别迁移 10.8 m 和 9.1 m。

6.2　砂质含水层中 Fe(Ⅲ)对 As 的固化行为

As 在地下水中的物理化学性迁移是指除对流、弥散、吸附阻滞等物理性影响因素外,还有因发生化学变化而引起的 As 含量和迁移性降低过程。本文前期采用室内批量试验的方法研究了 Fe(Ⅲ)存在和 Fe(Ⅱ)-O₂共存条件下的固砷效率,结果显示两种途径均能对 As 产生良好的固化效果。现将该技术应用于模拟砂柱,进行 As 在模拟含水层的迁移转化试验。

铁在 2 mm 砂柱内穿透之后,采用连续源输入的方式输入初始浓度为 500 μg/L 的含砷溶液,并在一定时间内对砂柱内的 As 浓度进行测试。

检测结果表明,如图 6-2 所示,在连续输入的前 10 d,即连续注入 80 个 PV 的时间内,出水溶液中的 As 几乎被全部固定于砂柱内,之后出水口的 As 浓度才开始有所增加。可见在试验进行的初期,固定在柱内砂土颗粒表面的 Fe 与砷发生了反应,使 As 固定在砂土颗粒表面,无法释放出来,随后由于 Fe 对砷的吸附逐渐达到饱和,柱内能够对砷产生吸附固化作用是 Fe 逐渐被消耗完全,导致渗出液中 As 的浓度逐渐增高,并最终与进水砷浓度达到平衡。根据进水体积我们可以算得,待 As 在柱内的反应接近平衡时,进水 As(Ⅲ)、

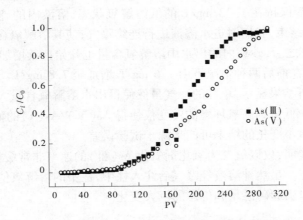

图 6-2　As 在 Fe(Ⅲ)固化修复砂柱内的浓度变化

As(Ⅴ)的总量分别达到 40.26 mg、59.5 mg。结合前期试验 5.2.2 的结果,可算得砂柱内 Fe 对 As(Ⅲ)、As(Ⅴ)的固化能力分别为 1.714 mg/g、2.533 mg/g。

6.3　曝气行为对 As 价态的影响

氧化还原环境的改变对于砷的价态变化有至关重要的作用。在地层内,消耗的氧气是得不到补充的,所以深部地下水中一般都缺乏自由氧。在此,我们通过砂柱试验的方法考察氧气对砷在模拟地下水环境中的价态变化情况影响。待缺氧条件下砂柱内的 As(Ⅲ)进出水浓度达到平衡状态时,对进水处溶液进行连续曝气,并进行各出水孔的砷价态和含量对比分析,结果见图 6-3。

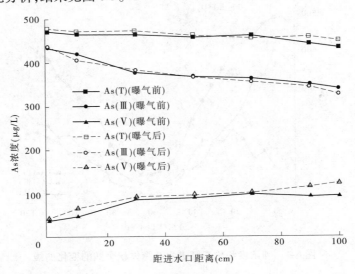

图 6-3　曝气前后砷浓度对比

由图 6-3 可以看出,试验第一阶段,由于对进水溶液进行了通 N_2 驱 O_2 的前处理,检测发现出水的溶解氧都保持在 1～3 mg/L 的低溶解氧状态,溶液内的砷主要以 As(Ⅲ)为主。待 As 穿透过程结束,我们对进水溶液进行连续曝气,使其溶解氧含量稳定保持在9～11 mg/L 的范围内。之后,砂柱内的出水中溶解氧含量也开始持续增加,以最远处 100 cm处为例,溶解氧含量在前后两种情况下由 2.6 mg/L 增加至 7.8 mg/L。

对砷的价态分析结果显示,单纯的曝气虽然使得出水溶解氧含量大幅增加,但对砷的氧化效果并不明显。低氧到高氧环境的转变仅使得 As(Ⅴ)/As(T)的值由 21.4% 增加至27.2%。且造成此微小变化的结果可能来源于试验误差。

前期试验结果表明,仅以氧气为氧化剂氧化 As(Ⅲ)的速率非常缓慢。砂柱动态试验也同样验证了这一点。虽然砷溶液经曝气后注入柱中,柱中的溶解氧值比曝气前增加了,但这个增加量不足以引起砷总量和价态的巨大变化。

6.4　Fe(Ⅱ)和 O₂ 协同作用对 As 含量和价态的影响

6.2.2 的试验结果表明,单纯曝气对出水砷总量和价态只有微小的改变。由本文 4.3中的静态试验我们可以看出,As 的含量和价态改变都是发生在 Fe(Ⅱ)和 O_2 共存的环境中。因此,我们以相似的条件进行砂柱试验,考察 Fe(Ⅱ)和 O_2 协同作用时对 As 含量和价态的影响。

试验进水的 As 浓度为 500 μg/L,As(Ⅲ)平衡时砂土所吸附的总量为 10 mg,根据前期最佳铁砷比的试验结果,此处我们选用浓度为 15 mg/L 的 Fe(Ⅱ)作为进水溶液,因此若要将其完全吸附固定在砂柱内,则需要相应 Fe 的量为 200～300 mg,连续注入 15 L。试验结果见图 6-4。

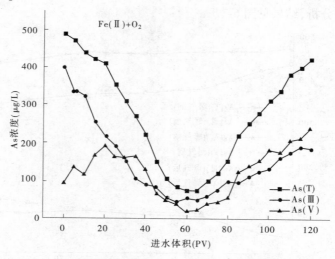

图 6-4　砷浓度和价态随进水孔隙体积个数的变化曲线

图 6-4 中 As 的价态和含量在 Fe(Ⅱ)和 O_2 共存的条件下发生了明显的变化。在前期持续注入 Fe(Ⅱ)且保持高浓度溶解氧存在的状态下,出水口处的 As 逐渐降低。在进水45 个空隙体积时,溶液中的 As 总量由最初的 500 μg/L 降至 152 μg/L,降幅达到 69.6%。

之后继续保持 As(Ⅲ)曝气状态但停止注入 Fe(Ⅱ),溶液中总 As 含量持续走低,在进水 65 个孔隙体积时降低至最低点 72 μg/L,降幅达到 85.6%。

Fe(Ⅱ)在进入试验砂柱之前,一直保持低溶解氧含量的状态,在进水口处与含高溶解氧的持续曝气的 As(Ⅲ)溶液混合进入柱内而使出水 As 浓度降低,结合上一小节的试验结果,我们推断,砂柱内发生了两方面的作用。首先,Fe(Ⅱ)在富含溶解氧的环境内被氧化为 Fe(Ⅲ),之后对 As(Ⅲ)产生了一定的氧化作用,使得溶液内 As 的价态也发生了一定的变化。

在弱酸性的氧化条件下,As 的存在形态为带负电荷的 $HAsO_4^{2-}$ 和 $H_2AsO_4^-$,而 Fe 以表面带正电荷的 $Fe(OH)_3$ 为主要存在形式。从 Fe(Ⅲ)水解开始时起,As 就以 As(Ⅴ)的形式紧紧地被吸附在极度分散、比表面积大的 $Fe(OH)_3$ 上,当 $Fe(OH)_3$ 在溶液中的浓度超过一定的限度时,便会聚合生成 $Fe_n(OH)_{3n}$。于是原来的平衡体系被打破了,溶液中存留的继续水解,产生沉淀,使溶液中砷的浓度进一步降低[114]。

为进一步考察 Fe 对地下水中 As 的固化效果,课题组在研究区进行了为期一个多月的野外现场试验。利用现场所取的高砷水样和沉积物砂样进行注铁和注氧的黑箱试验。将地下水从井内抽出,使其进入地面以上的模拟箱体中,用蠕动泵控制其流速。箱体中装入原砷砂土介质,避光,将填满原砷砂土的有机玻璃柱放入箱体中,分不同时间段取水样检测其中砷、铁浓度及其氧含量的变化以及水体中其他组分之间的变化。

试验选用 4 根相同规格的有机玻璃柱,其中 1 号试验柱方式不做任何预处理,向其内部连续注入新鲜地下水,主要做空白试验柱;2 号试验柱与 1 号不同之处仅在于向其进水砷溶液中连续曝气;3 号试验柱含两个进水孔,分别保持原砷地下水的注入和 Fe(Ⅱ)溶液的注入,但在整个过程中保持密封状态,不曝气;4 号试验柱与 3 号试验柱相似,区别在于 4 号试验柱保持在 Fe(Ⅱ)进水溶液内持续曝气的状态。每隔一定时间进行取样,测其出水溶液中的 Fe、As 价态及含量变化,以及出水溶解氧和 pH 的变化。整个野外试验共进行 30 d,于每天早晨 8 点取样并进行现场分离。试验期间内地区温度差异性不大,地下水温度持续保持在 11 ℃左右。砂柱的运行参数见表 6-1。

表 6-1　试验砂柱运行参数

名称	参数	名称	参数
柱子体积(mL)	353.25	砂样填充质量(g)	455.2
孔隙体积(mL)	74.54	砂样容重(g/cm³)	1.289
孔隙度	0.21	砂样密度(g/cm³)	1.632
体积流速(mL/min)	0.280 6 ~ 0.312 5	距离流速(cm/min)	0.014 3 ~ 0.015 9

砂柱内其他主要组分含量变化如图 6-5 和图 6-6 所示。

由图 6-5 中可以看出,在试验持续的过程中,1 号和 3 号试验柱由于其密封性处理,出水孔内的溶解氧始终保持在较低状态,含量值保持在 2 mg/L 以下。2 号和 4 号试验柱内的溶解氧含量相对较高。其中,2 号试验柱的溶解氧含量长时间保持在近饱和状态,但相比每天进水中溶解氧含量还是有所降低,这可能是由于部分氧气在砂柱内被有机质消耗

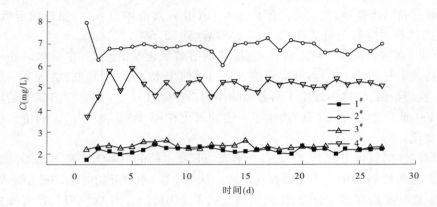

图 6-5　柱内溶解氧随时间变化趋势图

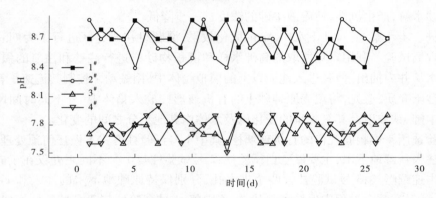

图 6-6　柱内出水 pH 随时间变化趋势图

所致。相比之下,4 号试验柱出水孔的溶解氧含量始终稳定在 5.5 mg/L 左右,比进水溶液内的氧气含量下降近 40% 左右。这部分氧气除有机质消耗外,更多的可能用于 Fe(Ⅱ) 的氧化反应。这将在后面的 Fe 价态变化分析中被讨论。在试验进行中,我们还观察到,在一定时间段内,随着取样孔与进水处距离的增加,其溶解氧的含量呈现逐渐降低的趋势。在长度为 50 cm 的砂柱内,溶解氧的下降幅度一般控制在 2 mg/L 以内。以 2010 年 10 月 7 日的检测数据为例,2 号试验柱进水处的溶解氧含量为 8.95 mg/L,在距离进水处距离分别为 10 cm、30 cm、50 cm 的三个监测点处,其溶解氧含量分别为 7.87 mg/L、6.97 mg/L 和 5.95 mg/L。由此可以简单推断出溶解氧在砂柱内的迁移速率为 0.4~0.5 mg/(L·cm)。

溶液中铁和砷的价态分布与 pH 存在一定的相关性[115]。图 6-6 反映了不同试验条件下出水 pH 的变化曲线图。1 号及 2 号试验柱内 pH 基本与进水 pH 保持一致,稳定在 8.7 左右。单纯的曝气行为对于水体的 pH 并无明显影响。而 3 号和 4 号试验柱由于 Fe 的注入,使得出水 pH 略有降低,这主要是 Fe 在水体中发生水解作用产生 H^+ 所致。

由图 6-7 可以看出,3 号和 4 号试验柱内的铁含量及价态变化呈现明显不同。在密闭处理的 3 号试验砂柱内,出水孔从试验进行第 5 d 时 Fe 开始显出递增趋势,连续进水 13 d 后,出水口水样中 Fe 含量趋于稳定,但溶液中以 Fe(Ⅱ) 为主,持续占据进水中总 Fe 比例的 70% 以上。而 4 号试验柱内至试验结束时,Fe 仍未达到穿透状态,出水溶液以 Fe

（Ⅲ）为主。其含量变化我们将结合下面的砷含量及形态变化进行分析。

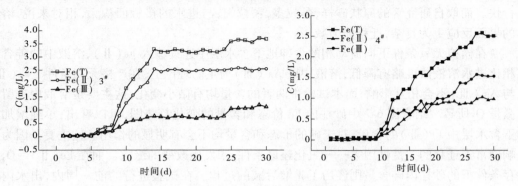

图 6-7　Fe 在不同试验砂柱内的含量及价态变化曲线

由图 6-8 可以看出，As 在有氧和无氧两种情况下的出水浓度趋势基本一致，且有氧条件下，出水溶液依旧以 As（Ⅲ）为主。两个试验砂柱都是在试验进行到第 20 天左右达到穿透状态，据此我们可以计算出砷在模拟地下水环境中的实际迁移速度约为地下水流速的 0.338%。相比之下，在研究区的砂质含水层中砷的迁移速率比在实验室粒径 2 mm 的砂柱中缓慢很多。这可能与两种不同介质自身的理化性质及组分不同有关。实验室内的砂质颗粒经过预处理，砂质颗粒物的主要组成成分为单一的 SiO_2，不含有机质或有机

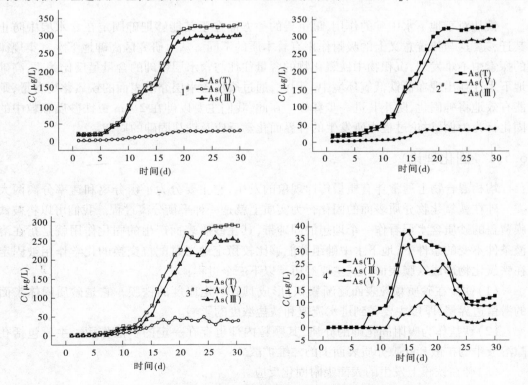

图 6-8　As 在有氧和无氧试验砂柱内的含量及价态变化曲线

质含量较少,且颗粒较粗,黏粒较少,吸附点位相对较少,因而吸附能力相对较差,穿透进行快。而取自研究区的原状砂样,黏粒多,颗粒细,与进水的接触面积大,相对来说,溶质的界面反应更为复杂,迁移能力减弱。

在模拟无氧条件下向流动相的含砷地下含水层中连续输入 Fe(Ⅱ),溶液中的砷含量相比进水溶液浓度略有降低,溶液中以 As(Ⅲ)为主。理论上,在严格无氧条件下 Fe(Ⅱ)与 As(Ⅲ)不会相互影响,而本试验中两者的含量均有微小变化,这主要是溶液中残留有微量 O_2 所致。结合图 6-7 中砂柱内 Fe 价态和含量的变化趋势图,可以看出,单纯增加地下含水层中 Fe(Ⅱ)的含量,对于砷的价态和含量均不会有明显的作用。这主要是因为影响砷富集迁移的关键性因素——氧化还原条件,未发生改变的缘故。而在 Fe(Ⅱ)-O_2 共存条件下的砂柱内砷含量则经历了先增后减的过程。在试验进行的前一周内,出水内铁和砷的含量都保持在较低水平,这说明在 O_2 的协同作用下,柱内发生了铁盐对砷的固定行为,然而由于铁的迁移速率小于砷,因而造成进入砂柱内的铁逐渐被消耗,出水中砷含量逐渐增加。随着反应的继续进行,柱内的 Fe 不断得到补充,出水中的砷含量持续走低。据此我们可以算得,在 30 d 持续输入 Fe 的情况下,砂柱内残留的 Fe 总量累积达到283.65 mg,此时被固定于砂柱内的总砷含量达到 25 075 μg,固化能力达到 88.40 μg/mg。

6.5　铁盐固砷行为及机制

铁盐对于地下水中砷的作用,最重要的一方面在于其能够把砷固定在含水层中防止其迁移。这与传统意义上的吸附作用有着本质的不同。从对研究区高砷地下水富集规律的探索中不难发现,沉积物中铁氧化物的含量往往与含水层中砷的含量呈反比关系,高砷地下水往往出现在低铁低氧环境中。因此,通过增加含水层介质表面的铁氧化物含量,则能有效地将砷固化,防止其进一步释放。在此,我们主要以砷在 2 mm 覆铁砂质颗粒中的固化行为为例,讨论过程中所发生的各界面化学反应及铁盐固砷的周期。

6.5.1　固化理论

均相混合物上通常伴有质量传递现象的发生,它主要分为平衡分离和速率分离两大类。砷在铁氧化物介质表面的固化行为实质上就是一种平衡分离过程。我们可以将被铁膜覆盖的砂质含水层看作一个理想的固砷带,其在砂质表面产生的固化作用就是指在溶液条件不变的条件下,地下水中砷组分能够比较稳定地通过配位交换的化学作用被固定在铁氧化物形成铁膜表面。这主要经历了以下三个过程:

(1)铁盐在砂质颗粒表面逐渐累积,形成具有一定厚度的铁膜。它是砂质固体表面的滞留边界层,厚度主要受到进水流速和铁盐浓度的影响。

(2)铁盐作为吸附固化砷的介质,其颗粒内部也存在一定的扩散作用。主要包括孔隙溶液中的扩散和孔隙介质表面上的二维扩散。

(3)砷在铁膜上发生的表面吸附固化反应。

这个过程的总速率按照上述顺序取决于反应进行最慢的一步(速率控制步)。通常,第三步"吸附反应"速率很快,迅速在吸附表面各点,吸附位上建立吸附平衡,因此总吸附速率由铁膜的形成速率和颗粒内扩散决定。

若固体颗粒周围的水力学边界层是固定的,则膜扩散为分子扩散。砂柱表面铁膜中的扩散属于分子扩散和涡流扩散(紊流时)。由于形成的铁膜厚度远小于吸附剂颗粒半径,因此可把吸附质分子通过球形颗粒外的铁膜的扩散当作平板膜的扩散处理。膜内的浓度分布呈对数关系,为了简化问题,可近似认为呈线性变化。这样,根据 fick 定律,液膜内的扩散传质通量 N_f($\text{g/cm}^2 \cdot \text{s}$) 为

$$N_f = \frac{D_L}{\delta}(C - C_i) \tag{6-1}$$

式中 D_L——溶质在自由液体中的扩散系数,cm^2/s;

δ——液膜的有效厚度,cm;

C——液膜外表面浓度,即溶液主体浓度,g/cm^3;

C_i——液膜内表面浓度,g/cm^3。

液膜厚度难以确定,但它在一定条件下为一常数,可与 D_L 合并为一新常数,即液膜传质系数 k_f(cm/s)。则式(6-1)变为

$$N_f = k_f(C - C_i) \tag{6-2}$$

当膜扩散为速率控制步骤,膜扩散传质通量决定了吸附速率 $\text{d}q/\text{d}t$,即

$$\frac{\text{d}q}{\text{d}t} = \frac{N_f a}{\rho_b} = \frac{a k_f}{\rho_b}(C - C_i) \tag{6-3}$$

式中 a——单位体积填充床层中吸附剂的外表面积,cm^2/cm^3;

ρ_b——单位体积填充床层中的吸附剂量,g/cm^3;

k_f——溶质从溶液主体通过液膜向吸附剂表面传递能力的量度。

吸附剂颗粒内扩散的机制及几种作用过程,为了使问题简化,通常把颗粒内扩散归结为孔隙扩散和内表面扩散两个平行的过程。孔隙扩散是吸附质分子在孔内溶液中的自由扩散,其推动力是孔隙中的浓度梯度,根据 fick 定律,孔隙扩散的传质通量 N_p($\text{g/cm}^2 \cdot \text{s}$) 为

$$N_p = -D_p \frac{\text{d}\overline{c}}{\text{d}r} \tag{6-4}$$

式中 c——孔内溶液浓度,g/cm^3;

r——扩散方向的距离,cm;

D_p——孔隙有效扩散系数,cm^2/s。

表面扩散是在孔隙内表面上的二维扩散,其推动力是孔隙表面上的吸附量梯度,其扩散传质通量 N_s($\text{g/cm}^2 \cdot \text{s}$) 为

$$N_s = -D_s \rho_s \frac{\text{d}q}{\text{d}r} \tag{6-5}$$

式中 D_s——表面扩散系数,cm^2/s;

其他字母含义前同。

颗粒内扩散传质通量 N 为上述两平行过程传质通量之和,即

$$N = N_p + N_s = -\left(D_p \frac{\partial \overline{c}}{\partial r} + D_s \rho_s \frac{\partial q}{\partial r}\right) \tag{6-6}$$

式中　a——单位体积床层的颗粒内的有效扩散面积,cm^2/cm^3,由于颗粒内扩散机制很难判断和控制,因此要想分别测定 D_s 和 D_p 非常困难,必须通过一定的假设和简化才能求得。

6.5.2　铁盐固砷速率

高砷地下水进入被铁氧化物覆盖的砂质颗粒层表面时,与 Fe 发生相关的化学反应。随着反应的持续进行,溶液中的砷组分浓度逐渐降低,并趋向平衡。在整个吸附固化平衡过程的速度,则与铁盐本身的性质相关。根据前人的研究结果,在此主要提出集中有代表性的速率公式。

(1)班厄姆公式:表示 t 时间段内的总吸附固化含量。其公式为

$$\frac{\mathrm{d}q_e}{\mathrm{d}t} = \frac{q_e}{mt} \tag{6-7}$$

由于吸附平衡过程中的速率主要取决于吸附作用推动力($q_0 - q_e$)和时间 t 有关系,因而可将上述公式做出相关变换得到:

$$\ln\frac{q_0}{q_0 - q_t} = kt^n \tag{6-8}$$

其中,q_0 为饱和吸附量;k 和 m 均为常数。

(2)鲛导公式:主要将物质的吸附反应分为两个阶段。在定压条件下的第一阶段对大孔径的细孔而言,短时间内的吸附速率表达式为

$$A\ln\frac{A}{A-q} - q = kt \tag{6-9}$$

而在后期的表达式则为　　　　$q = a\lg t + k \tag{6-10}$

(3)饭岛公式:主要表示在定容状态下的吸附速度,表达式为

$$\lg\frac{P}{P - P_e} = kt + C \tag{6-11}$$

其中,P_e 代表平衡压力。

(4)伊洛维奇公式:主要表示在定压状态下的吸附速率,相关公式为

$$\frac{\mathrm{d}q}{\mathrm{d}t} = ae^{-bq} \tag{6-12}$$

经积分变换可得,$q = \frac{2.3}{b}\lg(t + t_0) - \frac{2.3}{b}\lg t_0$,式中 $t_0 = 1/ab$。

由试验结果可以看出,砷在铁盐覆盖的砂柱内被固定的过程经历了三个阶段。在前期进水约 80 PV 的 10 d 内,出水砷含量较少,表现为砷的快速固化阶段。之后由于砂质颗粒表面的铁氧化物逐渐被消耗,反应进入慢速时期。因此,我们选用鲛导公式进行相关的拟合分析。

图 6-9(a)、(b)两图分别表示了鲛导公式两阶段的拟合结果,可以看出,鲛导公式能够对固化反应试验数据予以较好的拟合,相关系数均达到 0.92 以上。两个阶段的拟合公式分别为,$A\ln A/(A - q) - q = 0.063\,23 - 0.002\,51x$,$q = 2.155 - 1.017\lg t$。可见随反应的持续进行,铁盐对砷的固化速率逐渐减慢。

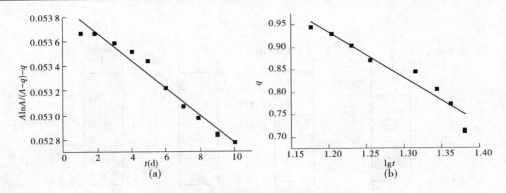

图 6-9　砂柱内砷固化速率的鲛导公式拟合

6.5.3　柱内固砷带参数计算

当含水层内铁盐达到穿透饱和时,将进水换为一定浓度的含砷溶液,使其与含有铁氧化物组分的砷进行动态吸附固化,当流体为液体时,用穿流吸附法。即含砷原水通过吸附柱时,铁膜不断吸附水中的砷。在试验初期,柱内的铁膜能迅速有效地固定砷,柱底出水离子浓度几乎为零。这时真正起作用的固砷带在柱头附近,随着反应的进行,高砷水不断通过吸附柱时,顶部吸附达到饱和,一段时间后,出水浓度逐渐增加,固砷带逐渐不断迁移。当出水浓度达到某一浓度时,流出液中吸附组分的浓度开始急剧上升,这时称为穿透。固砷带下移至柱底,具体见图 6-10。

6.5.3.1　固砷带迁移速度的计算

我们选择实验室内的砂柱试验作为研究对象,讨论理想条件下砷在覆铁砂柱表面的固化速率和迁移速率。在铁膜覆盖的砂柱内,取单位截面积厚度为 dz 的微元作为计算单位。设柱内水体流动速度为 u,流经柱断面的溶质浓度为 c,吸附剂装填密度为 ρ_b,孔隙率为 n,则在 dt 时间内流入流出微元的吸附质变化量应等于吸附剂的吸附量与孔隙中溶质的量之和,即

$$-u\frac{\partial c}{\partial z}dz = \rho_b\frac{\partial q}{\partial t} + n\frac{\partial c}{\partial t} \tag{6-13}$$

因为 $q = f(c)$ 表示等温线,而流动相浓度 c 又是吸附时间 t 和吸附层位置 z 的函数,所以有

$$\frac{\partial q}{\partial t} = \frac{dq}{dt}\cdot\frac{\partial c}{\partial t} \tag{6-14}$$

代入式(6-13),可得

$$u\frac{\partial c}{\partial z} + \left(n + \rho_b\frac{dq}{dc}\right)\cdot\frac{\partial c}{\partial t} = 0 \tag{6-15}$$

我们假设在 dt 时间内,固砷区从柱面左端至 $z + dz$ 断面流动相中溶质的浓度为常数 c,则 $\left(\dfrac{\partial c}{\partial t}\right)_c$ 表示吸附区的推移速度 V_a,根据偏微分的性质有

$$V_a = \left(\frac{\partial c}{\partial t}\right)_c = -\left(\frac{\partial c}{\partial t}\right)_z\bigg/\left(\frac{\partial c}{\partial t}\right)_t \tag{6-16}$$

整理得:

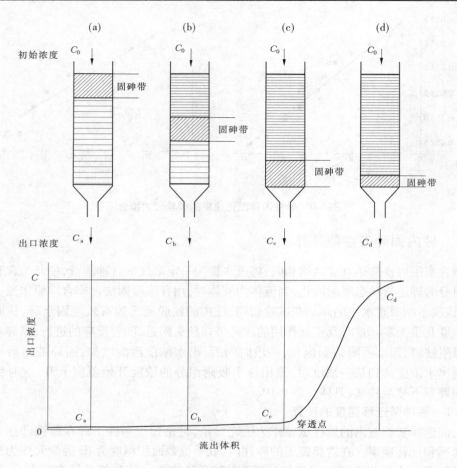

图 6-10　铁盐固砷带迁移示意图

$$V_a = \frac{u}{n + \rho_b \dfrac{dq}{dc}} \tag{6-17}$$

由式(6-17)可见:对于水体流速和孔隙度固定的砂柱而言,吸附带的推移速度取决于 $\dfrac{dq}{dc}$,即取决于吸附等温线变化率,对于上凸形的曲线而言,$\dfrac{dq}{dc}$ 随着 c 的增大而减小,吸附区高浓度一端推移速度比低浓度一端快,从而发生吸附区的"缩短"现象,对于下凸形曲线,则发生吸附区"延长"现象,虽然为提高层的利用率,吸附区"缩短"是有利的,但从传质角度来讲,在吸附柱上端吸附量高,浓度梯度小,传质速度也高,吸附区下降,吸附量低,浓度梯度大,传质速度亦大,导致吸附区在推移过程中逐渐变宽,上述两个相反作用的结果,使吸附区厚度和穿透曲线形状在推移过程中基本保持不变。事实上,在具体的操作中,我们一般将 $\dfrac{dq}{dc}$ 看作定值,其方程为:$\dfrac{dq}{dt} = \dfrac{q_0}{c_0}$。由于 $n \ll \rho_b$,所以

$$V_a = \frac{u}{n + \rho_b \dfrac{q_0}{c_0}} \approx \frac{uc_0}{\rho_b q_0} \tag{6-18}$$

由前面的试验以及计算可知：$u = 6.06 \text{ cm/h}$，$c_0 = 0.5 \text{ mg/L}$，$\rho_b = 1.62 \text{ g/mL}$，Fe(Ⅲ)对 As(Ⅲ)和 As(Ⅴ)的 q_0 分别为 1.714 mg/g、2.533 mg/g，代入式(6-18)得：

$$V_a = \frac{6.06 \times 0.5 \times 10^{-3}}{1.62 \times 1.714} = 1.09 \times 10^{-3} (\text{cm/h})$$

$$V_a = \frac{6.06 \times 0.5 \times 10^{-3}}{1.62 \times 2.533} = 7.38 \times 10^{-4} (\text{cm/h})$$

6.5.3.2　固砷带厚度的计算

我们将固砷带的厚度设为 z_a，其主要表达式为

$$z_a = V_a(t_E - t_B) \tag{6-19}$$

其中，t_B 表示为开始加入含砷溶液的时间，t_E 表示为从开始加入含砷溶液到达吸附终点的时间。结合 6.2.1 的试验结果，可以看出 Fe(Ⅲ)对 As(Ⅲ)和 As(Ⅴ)达到吸附终点作用的时间分别为 663 h 和 906 h，将试验结果代入表达式可以算得模拟 Fe 砂柱内对两种价态砷的固砷带厚度分别为 0.722 cm 和 0.669 cm。

6.5.3.3　砂柱动态固砷量的计算

在实际应用中，当吸附柱的吸附带下移至柱底部，即流出液即将到达穿透点的流出浓度时，必须停止给液，此时的吸附柱吸附的砷的量称为动态吸附量，称为 q_c。对于动态吸附量的求解，既可以用穿透曲线图解积分求得，也可以用下面的数量关系式求得

$$q_c s \rho_b H = q_0 s \rho_b H - q_0 s \rho_b z_a + \frac{1}{2} q_0 s \rho_b z_a \tag{6-20}$$

整理后得

$$q_c = q_0 \left(1 - \frac{z_a}{2H} \right) \tag{6-21}$$

其中，s 表示砂柱的截面面积；H 表示固砷层高度；z_a 表示砂柱内固砷带的厚度。

将相关数据代入式(6-21)，模拟砂柱对砷的动态固定量分别为 $q_c = 1.7078 \text{ mg/g}$、2.524 mg/g。

6.6　研究总结

本章主要研究了砷在 Fe 模拟试验砂柱内的固化行为，由试验结果可以看出：

(1)As(Ⅲ)和 As(Ⅴ)在 2 mm 砂质颗粒介质中的迁移速率分别为在地下水流速的 1.080% 和 0.91%，前者的速率大于后者。在研究区进行的 As 迁移行为模拟中，则可以算出 As 在砂层中的迁移速率为地下水流速的 0.338%，远小于在 2 mm 粒径中的迁移速度。这主要是由于两种砂质成分的差异性以及研究区含水层环境的复杂性共同造成的。

(2)在经穿透后的砂柱内持续注入含砷溶液，可算得砂柱内 Fe(Ⅲ)对 As(Ⅲ)、As(Ⅴ)的固化能力分别达到 1.714 mg/g、2.533 mg/g。室内及现场试验均表明，单纯曝气对于水体中砷的价态和含量变化均无明显影响，而在加入 Fe(Ⅱ)的富氧环境中，砷能

够与因氧化而形成的新生态铁氢氧化物发生反应沉淀下来。

　　（3）为期一个月的野外模拟黑箱试验结果表明，溶解氧在砂柱内的迁移速率约为 0.4～0.5 mg/（L·cm）。在 30 d 持续输入曝气状态下 Fe（Ⅱ）的情况下，出水溶解氧含量保持在较高水平，砂柱内残留的 Fe 总量累积达到 283.65 mg、25 075 μg 的砷能够被固定于砂柱内，Fe（Ⅱ）- O$_2$ 协同作用下对含水层中砷固化能力达到 88.40 μg/mg。

　　（4）Fe 对砂质含水层中砷的固化能力可以通过相关数学公式得到量化。以实验室 2 mm 含 Fe 砂柱对砷的固化为例，可以算得 Fe 对 As（Ⅲ）、As（Ⅴ）的固化速率分别为 1.09×10^{-3} cm/h 和 7.38×10^{-4} cm/h，固砷带厚度分别为 0.722 cm 和 0.669 cm，砷的动态固定量分别为 1.707 8 mg/g 和 2.524 mg/g。

第 7 章　山阴地区高砷地下水处理技术应用与发展趋势

7.1　山阴地区高砷地下水原位稳定化技术应用

砷作为一种毒性很高的原生质毒物,已被美国疾病控制中心(CDC)和国际癌症研究机构(IARC)确定为第一类致癌物。地下水砷污染对人类健康造成的危害已经引起人们的广泛关注,是目前一个主要的公共健康问题。

在对砷的异位修复的大量研究中我们不难发现铁盐对砷的高效去除作用。地下水环境自身的复杂性也使得我们在对其进行相关污染修复的时候必须考虑引入化学药剂造成的二次污染问题。事实上,高砷地下水的形成大都是由缺氧缺铁的环境造成的。地下水中往往伴随一定含量的 Fe(Ⅱ),如果能够通过向含水层介质中适量添加铁氧化物或改善地下水的氧化还原环境,则能有效将地下水中的砷固定于含水层中,终止其释放和迁移过程。

通过调查研究表明,高砷地下水都是还原环境导致的,其特点是溶解氧含量低,铁含量低,氧化还原条件为还原—极度还原环境。按本课题研究的思路,向地下水含水层(砂层)中注入氯化亚铁和氧气,其主要目的是增加地下水中含氧量、增加地下水中铁的浓度,从而调控含水层物化条件由还原环境至氧化环境转变。含水层发生的变化有,亚砷酸盐 As(Ⅲ)被氧化形成砷酸盐 As(Ⅴ),同时产生大量的氢氧化铁胶体,充填在砂层的石英、云母、长石等矿物颗粒间。在这样的环境下,As 被固定在矿物颗粒上,而且今后也不会释放出新的 As 出来,从而达到原位除 As 的目的。

7.1.1　原位修复方案设计

试验区选在研究程度较高的大同盆地山阴县某村,该村地下水砷含量变化在 100 ~ 1 700 μg/L,该村居民长期饮用一段时间的地下水后,均不同程度表现出砷中毒现象,农民盼望解决饮水问题。

在查明该研究区的地层分布情况及确定含水层(砂层)的分布深度和厚度的基础上,合理布置抽水井和注液井(注气井),向地下水含水层(砂层)中注入氯化亚铁和氧气,增加地下水中含氧量和铁的浓度,从而调控含水层物化条件。从而使地下水中的砷固定,不发生迁移,直至地下水达到饮用水标准。以抽水井为中心,在其周围距离为 350 cm 处均匀布置三个注液井(注气井),注液井两两之间的距离为 610 cm,具体布置见图 7-1。

在成井后,同时向三个注液井中注入氯化亚铁溶液,注入完成后,抽水井开始抽水。当检测到抽水井中的地下水铁离子含量增高后,向三个注气井注气。每隔一定时间,检测

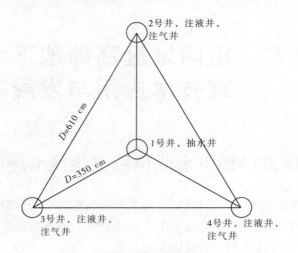

图 7-1　工作井平面布置图

注液井中的铁离子含量,当发现铁离子含量降低到一定值时,向注液井中补充氯化亚铁溶液。每隔一定时间向注气井中注入空气,并且保证注液和注气是间隔进行,时间不能间隔太短。在此工作过程中,抽水井进行不间断的抽水,按照一定的时间,分析抽取上的井水中的铁离子、砷离子、氯离子和溶解氧等含量。

当抽取上来的水中砷离子含量稳定在一定低值,且氯离子含量不超标时,停止注液和注气,试验完成。

7.1.2　野外施工

(1)钻探:通过调查当地居民所用民用井资料得知,地表下 40 m 以内存在两个含水层(砂层),大致分布深度为 17～20 m 和 25～28 m。在研究区实地钻探,地表下约 32.8 m 深的地层情况为:

0～17.4 m 以亚黏土和亚砂土为主,灰黄色、黄灰色、灰色,夹有薄层粉砂,灰黄色,最大厚度 35 cm;

17.4～18.2 m 为粉砂,黄灰色;

18.2～18.5m 为亚黏土,黄灰色;

18.5～19.6 m 为中砂,灰色、灰黑色;

19.6～25.3 m 以亚黏土和亚砂土为主,浅灰色、黄褐色;

25.3～25.8 m 为细砂,灰黑色、黑色;

25.8～32.8m 以亚黏土、亚砂土和黏土为主,灰褐色、灰色,黏土为红褐色。

(2)水井结构:通过地质钻探得知,18.5～19.6 m 的中砂层为本次野外试验的作业含水层。三个注液井(注气井)的井结构为:0～18.5 m 为隔水地段;18.5～19.5 m 为滤水地段;19.5～20.0 m 为隔水地段。

为了确保注液井中的氯化亚铁溶液流向抽水井方向,使抽水井到注液井之间的地下水由承压变为非承压,需加大抽水井的抽水功率,确保抽水井中的水位低于 18.5 m,因此抽水井中的滤水段需增大,同时预防上部潜水向下越流,具体井结构为:0~17.5 m为隔水地段;17.5~19.5 m为滤水地段;19.5~20.5 m为隔水地段。隔水地段采取措施进行封闭止水,保证抽取的井水为从滤水地段相应深度含水层中的地下水。具体井结构见图7-2。

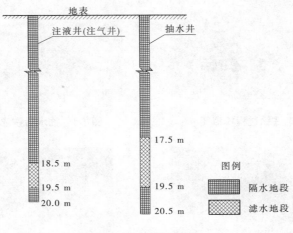

图7-2　井结构示意图

7.1.3　原位修复技术的应用

(1)注液:成井后,先把抽水井和注液井中的井水全部抽完,再向注液井中注入氯化亚铁溶液,然后向注液井中注水,注水至水面与地面持平。目的是使注液井中的水头高度大于原本含水层中的自然水头,以加速注液井中的氯化亚铁向周围扩散运移。

(2)注气:利用空气压缩把气体泵入注气井的底部,每次以3.5个大气压的稳定压力泵气15 min。

经过连续两天的注液和注气,抽水井抽取出来的井水中的砷含量有明显的降低,抽水井中初始砷浓度为1 700 $\mu g/L$,加入氯化亚铁溶液和注入空气2 h后,主井砷浓度为448 $\mu g/L$,次日上午和下午抽水井中水中砷浓度分别为380 $\mu g/L$和324 $\mu g/L$。铁离子在含水层中迁移随时间变化如图7-3~图7-5所示,砷离子在含水层中扩散迁移见图7-6。直至地下水介质环境完全发生改变,当环境为氧化环境时,地下水中砷含量低于10 $\mu g/L$。

通过本次实地野外中试试验,验证了本课题技术路线的正确性,以及实地原位修复高砷地下水的可行性,将为我国地下水原位修复提供重要的参考与示范价值。

中试试验获取了相关的参数:井孔分布、井孔结构、气液注入方式、注入流速、流量、深度、影响面积,为进一步推广应用获取了重要的技术参数。

中试试验同时也获取了相关的经济参数,通过实际的中试试验,确定了与技术参数相关的经济参数,为应用与相似的原位处理选取合理经济成本。

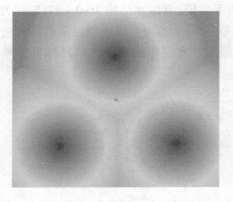

图 7-3　静态注铁过程模拟图

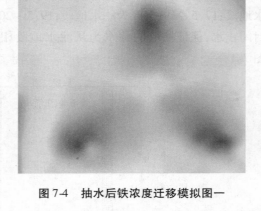

图 7-4　抽水后铁浓度迁移模拟图一

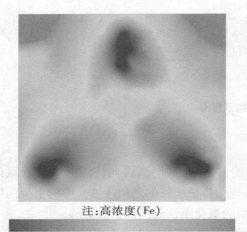

注:高浓度(Fe)

低浓度(Fe)

图 7-5　抽水后铁浓度迁移模拟图二

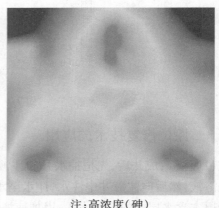

注:高浓度(砷)

低浓度(砷)

图 7-6　砷离子在含水层中扩散迁移模拟图

7.2　高砷地下水现场抽出处理技术

　　山西省北部的山阴县区域内,分布着广泛的湖沼相沉积层,且该层内细颗粒的黏性土、粉细砂及腐质酸的砷背景值高,加之地势低洼平坦,土壤盐碱化严重,地下水径流滞缓,蒸发作用强烈的封闭和半封闭还原型地理环境等因素,使得该地区 50% 以上的地下水中砷含量超标[1-2]。病区水中砷浓度高,病情严重,临床表现以皮肤色素脱失和角化为主,并且有儿童砷中毒者出现,调查结果与相关材料报道一致。在砷中毒病区,随着年龄增长,砷的暴露时间越长,砷的慢性蓄积和损害效应越明显;此外,当地男性从事主要体力劳动,砷摄入量大于女性,因而男性砷中毒明显高于女性(见图 7-7 和图 7-8)。砷污染中毒给当地居民带来了严重影响,因此饮水除砷成为重要的研究课题之一。

　　由于砷中毒病区的高砷水呈点状分布,在病区并不是所有家庭都饮高砷水,因此病人在分布上呈现家庭聚集性倾向,在同一家人当中,砷中毒发病严重程度不一,有的甚至无

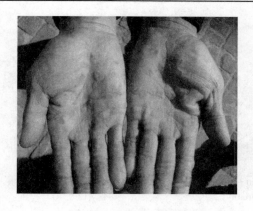 

图7-7　冀氏(男)因饮用高砷水而严重角质化的手　　图7-8　周氏(女)因饮用高砷水而严重角质化的手

明显改变,砷中毒患病存在着个体差异;病人临床表现有所不同,主要体征为皮肤素脱失,掌拓部过度角化。在此次实地试验的过程中,我们主要选取山阴县双寨村某户为研究对象,该户饮用 17 m 深处的高砷地下水仅 7 个月的时间,手部就开始出现明显的角质化现象。后经检测发现,该含水层的砷含量高达 1 700 μg/L。

由于铁氧化物具有良好的吸附阴阳离子的能力,以铁为主要吸附成分的吸附剂的开发、研制和应用已经得到了国内外的广泛关注,因而也被较多地应用于高砷水的处理。例如,聚合硫酸铁(PFS)作为絮凝剂,具有沉降速度快、适用 pH 范围广、腐蚀性小、净水效果好等优点;高铁酸盐处理含砷水,兼备氧化和絮凝的双重功效。Mastis 等用赤铁矿吸附 As(Ⅴ);Maeda 等用经 Fe(OH)$_3$ 充填处理过的珊瑚作为吸附剂,利用珊瑚本身的缓冲作用,实现了在较大的范围 pH(3~10)对 As(Ⅲ)和 As(Ⅴ)的同步分离,此吸附剂对As(Ⅲ)的吸附作用与对 As(Ⅴ)的作用相当[3-6]。但考虑到添加剂带来的二次污染,此类吸附剂大部分只是用于含砷工业废水的处理,而针对以地下水作为生活用水的农村地区,目前的相关应用性研究还在进行中。

本技术主要针对病区地下水砷主要以 As(Ⅲ)形式存在,毒性较强,而以铁盐为主要成分的混凝剂对 As(Ⅲ)的去除效果较差,使得无法低成本处理农村高砷地下水地区饮用水安全的问题,通过现场的考察及试验验证,得出了一套以曝气氧化和加药过滤为基础的处理方法。

7.2.1　硫化氢去除试验

取 100 L 新鲜的地下 25 m 处井水于事先准备好的塑料桶中,采用空气曝气的方法使硫化氢气体从水体中挥发,每隔一定时间进行检测,结果如图 7-9 所示。

由现场试验结果可知,对于硫化氢气体含量在 140 μg/L 的范围内,曝气 1.5 h 即可达到完全去除的效果。

通过调查研究表明,高砷地下水大都是还原环境导致的,其特点是溶解氧含量低、铁含量低、氧化还原条件为还原—极度还原环境,因而抽出的地下水中大都富含硫化氢甚至甲烷气体。长期饮用此类地下水,会造成头晕、流泪、眼痛、咽干、咳嗽、胸闷、意识模糊等问题,部分患者可有心脏损害。硫化氢本身属于挥发性气体,可在空气中自然挥发去除,

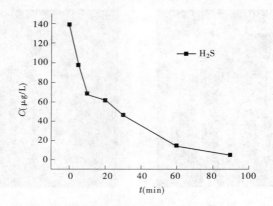

图 7-9   曝气过程中硫化氢含量随时间变化示意图

但整个过程所需时间较长,采用空气曝气的方法,则可大大提高去除硫化氢的效率。

曝气的实质就是使气相中的氧向液相中转移。气相中的氧转移为液相中的溶解氧,是通过流体运动形成气液接触界面而完成的。曝气过程的实现,有利于使得空气中的氧气与抽出的地下水中的硫化氢气体之间迅速进行气流扩散运动,加快两者之间的交换,从而在不添加任何化学试剂的条件下达到快速去除硫化氢的目的。

7.2.2   砷的氧化去除试验

初始 As 浓度一定的条件下,要达到相同的除砷效率,砷的初始浓度越高,所需的 Fe/As 越低,如图 7-10 所示,要达到 90% 以上的除砷率,初始浓度为 100 μg/L 的砷需要的 Fe/As 为 100∶1,而初始浓度为 2 000 μg/L 的砷需要的 Fe/As 则仅为 30∶1,100 μg/L 的砷要达到 70% 的去除率,需要的 Fe/As 为 50∶1,而对于 2 000 μg/L 的砷而言,达到 70% 的去除率需要的 Fe/As(V)仅为 10∶1。山阴县当地的实际情况是地下水砷含量范围一般为 200 ~ 2 000 μg/L,因而可以根据不同的含量选择最佳的 Fe/As 来达到除砷目的。

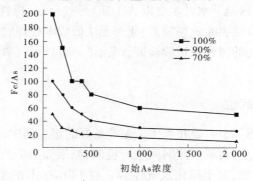

图 7-10   达到相同 As 去除率所需 Fe/As 与 As 初始浓度之间的关系

在此次试验中,我们选用冀氏某户的地下水作为研究对象,此户饮用的地下水砷含量为 270 μg/L 左右,因而我们按照 Fe/As = 100∶1 的添加量加入以 $FeCl_2$ 和 $FeCl_3$ 为主要成分的混凝剂,待硫化氢挥发完全之后,分别在不添加混凝剂和加入的情况下进行曝气试验,结果如图 7-11、图 7-12 所示。

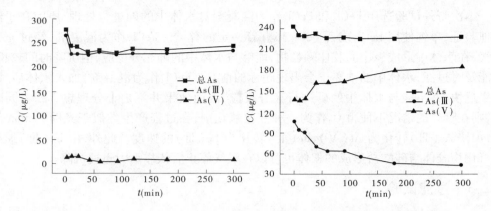

图7-11　原水曝气过程中砷含量及价态随时间变化　　图7-12　加药后曝气过程中砷含量及价态变化

　　在地下水中,砷以溶解态和颗粒态两种形式存在。溶解态砷主要是砷酸盐和亚砷酸盐,还有少量的甲基化的砷化合物。在天然地下水所具有的 Eh 和 pH(6~9) 范围内,溶解态砷的主要存在形式是 $H_2AsO_4^-$、$HAsO_4^{2-}$、H_3AsO_3 和 $H_2AsO_3^-$。地下水中存在丰富的具有吸附性的颗粒物时,如黏土和氢氧化铁微粒,溶解的砷也可以被吸附形成颗粒砷。在还原性极强的条件下,地下水中的砷主要以三价形式存在。

　　As(Ⅲ)的毒性和迁移性大于 As(Ⅴ),但 As(Ⅲ)通常在 pH=3~10 范围内以中性分子形式存在,导致许多技术对 As(Ⅲ)的去除率都远低于 As(Ⅴ)。因此,为了有效去除地下水中的 As(Ⅲ),降低其毒性,大多工艺都将 As(Ⅲ)预氧化为 As(Ⅴ)。目前,有学者以次氯酸盐、臭氧及高锰酸盐等为氧化剂,采用化学氧化法对氧化三价砷进行了研究[10-11]。但在地下水中为防止二次污染,需尽量减少化学试剂的使用。因此,在含砷地下水的原位处理中,首选氧气作为氧化剂是合理的。

　　由野外现场试验可知,在不添加混凝剂的曝气过程中,水体的 pH 变化不大,且通过曝气的方式很难达到氧化 As(Ⅲ)的目的,这与前人的研究成果一致。这主要是因为在氧化还原电位较低(几乎呈现负值)的环境中,As 主要以 AsO_3^{3-} 和 H_3AsO_3 的形式存在,单纯曝气过程中,水体的 ORP 随 DO 的变化并不显著。因而单纯通过空气曝气对于 As(Ⅲ)的氧化能力有限。

　　由图7-9 可以看出,在加入 $FeCl_2$ 和 $FeCl_3$ 的混合物后,As 在水体中的价态迅速发生了变化,在曝气一定时间后,水体中90% 的 As(Ⅲ)变为了 As(Ⅴ),这主要是因为,尽管 O_2 对于 As(Ⅲ)的氧化能力有限,但 O_2 对于 Fe(Ⅱ)的氧化速率确是比较高的。由室内试验及野外现场试验均可以看出,在含有一定浓度的 Fe(Ⅱ)溶液中曝气,溶液的颜色也在瞬间发生变化,由无色变为红色。实际上,也正是因为 Fe(Ⅱ)被氧化成了 Fe(Ⅲ),才使得 As(Ⅲ)进一步氧化(Sun 和 Doner,1998;Kim 和 Nriagu,2000),反应方程如下:

$$2Fe(OH)_3 + H_3AsO_3 + 3H^+ = 2Fe^{2+} + H_2AsO_4^- + 5H_2O$$

$$2Fe(OH)_3 + H_3AsO_3 + 4H^+ = 2Fe^{2+} + H_3AsO_4 + 5H_2O$$

　　氧化后生成的 $H_2AsO_4^-$ 被 $Fe(OH)_3$ 吸附而去除,少量的 H_3AsO_4 则以分子态存在于溶液中,氢氧化铁胶体与砷之间的吸附共沉淀作用得以实现。

本次野外试验选用 $FeCl_2$ 和 $FeCl_3$ 作为混凝剂对水体中的砷进行处理,原因在于经过实地验证,单纯使用 $FeCl_2$ 或者 $FeCl_3$ 都有着一定的弊端。$FeCl_2$ 作为混凝剂,经过充分的曝气,在水体中形成极小的胶体颗粒物,能够与水体中的砷充分反应,但沉降时间较长,若不能及时过滤,水体中的铁离子会出现超标的情况。$FeCl_3$ 作为混凝剂,加入水体后,沉降速率过快,并不能与水体中的砷进行充分反应,因而效果并不是十分理想。二者同时使用,则在曝气的情况下使得 O_2 作为一种催化氧化剂,在过程产生类似于光助 Fenton 的效应,加快 As(Ⅲ)转化为 As(Ⅴ)、Fe(Ⅱ)转化为 Fe(Ⅲ)的速度。此外,由 Fe(Ⅲ)形成的氢氧化物胶体与砷酸盐形成的絮体也可以在曝气停止后依靠重力迅速沉降。

7.2.3　过滤试验

投加药品及曝气过程结束以后,水体中会产生大量的絮体,这主要是砷与氢氧化铁胶体结合形成的产物。由图 7-13 和图 7-14 可以看出,在一定的时间范围内,水体经自然沉降即可达到理想效果,但所需时间较长,为此,结合当地的实际情况,我们采用市面上易于购买的棉布及少量棉花作为材料,将棉花夹在两层棉布之间,固定于水龙头之上作为过滤装置系统。桶内经过处理的地下水若能及时通过过滤装置,则水体中铁砷的含量均可在短时间内达到国家饮用水标准,见图 7-13 和图 7-14。

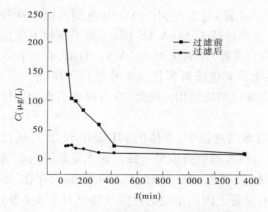 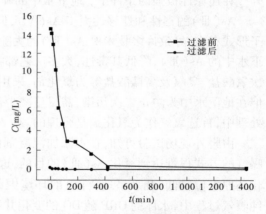

图 7-13　过滤前后砷含量随时间变化示意图　　图 7-14　过滤前后铁含量随时间变化示意图

经检测,过滤后水体中砷含量和铁含量都大大降低,自然沉降后絮体都沉在桶底,而桶内水体则比较清澈。经检测,过滤后的水中砷含量仅为 5 ~ 8 μg/L,达到国家饮用水水质标准,且其中的铁离子含量为 0.03 mg/L,远小于国家水质标准规定的地下水 Ⅰ 类标准,见表 7-1 和表 7-2。

表 7-1　处理前后砷含量对比

测试指标	处理前	处理后	国家标准
As	270 μg/L	<10 μg/L	50 μg/L

表 7-2　过滤前后铁离子含量对比

测试指标	过滤前	过滤后	国家标准
Fe	3.94 mg/L	0.01 mg/L	0.3 mg/L

水体中的絮体在沉降之后集于桶底,为此,我们专门选用一个放有砂土的桶来盛放处理后产生的絮体,含有絮体的水分在空气中蒸发后,这些絮体在桶内沉积,并覆盖于砂土表层,成为矿物成分,可在后期的建筑施工中利用,防止砷再次进入水体环境,发生迁移。

7.3　高砷地下水的原位稳定化关键技术

通过开展一系列相关的研究型试验,最终得到以下结论:

(1)研究区大同盆地内高砷地下水的形成主要是由当地干旱 – 半干旱的气候条件、封闭半封闭的地球化学环境以及其缓慢的水流交替等外部宏观环境与内部强还原环境导致的沉积物对砷的释放作用共同造成的。地下水的水化学特征表现出强烈的还原性特点,主要表现为:水体中硫化氢含量偏高,局部地区的水体中含大量的甲烷,水中溶解氧含量偏低,溶解性铁含量偏低。

(2)通过对研究区高砷钻孔所得沉积物的岩性、矿物组成和化学成分的分析,可以看出,高砷区主要集中在灰黑色或黑色的砂质含水层中,且和砂层之间被数层黏土或亚黏土夹层隔开,黏土层中往往砷含量较低。沉积物矿物组成以石英、长石、黏土矿物(蒙脱石、绿泥石、伊利石)为主,含有少量的闪石和方解石。浅层承压含水层中出现三个不同砷含量地段。其中,在 17.4 ~ 22.7 m 段的平均值达 643 mg/kg,22.7 ~ 25.8 m 段的平均值为 115 mg/kg,25.8 m 以下的平均值为 212 mg/kg。造成此种现象的主要原因是含水层介质的性质和地质历史上形成土层的差异。在粗粒的含水介质中,如 23.0 ~ 25.8 m 的粉砂、细砂夹亚砂土介质中砷的含量相对为低值,这与介质的孔隙较大、含较少黏性矿物成分有关。而在 20.1 ~ 22.1m 的亚砂土夹亚黏土介质中砷含量为异常高值一是由于孔隙小可以留滞上游来水中的砷,另一方面是含有较多的黏性矿物成分,黏性矿物成分对砷有吸附作用。在地质作用历史上,粗粒的细砂、粉砂先从水流中沉淀下来,然后是亚砂土,最后是细粒的亚黏土、黏土。粗粒介质中二氧化硅的含量高,而细粒介质中蒙脱石、伊利石的含量高——它们可以吸附固定地下水中的砷。

(3)研究区四种供试沉积物对 As(Ⅲ)、As(Ⅴ)的等温吸附过程可用 Langmuir 方程和 Freundlich 方程进行拟合,动力学吸附过程符合二级速率方程。沉积物对 As(Ⅲ)、As(Ⅴ)吸附速率、吸附容量顺序均依次为:黏土 > 亚黏土 > 粉砂 > 中砂。故当沉积物受砷污染后,由于下层介质吸附容量、吸附速率逐渐减弱,砷在向下迁移过程中会慢慢积累,易形成高砷水。相比之下,As(Ⅴ)较 As(Ⅲ)更容易受到沉积物的吸附,但 As(Ⅲ)在沉积物中的吸附比 As(Ⅴ)稳定。沉积物对低浓度砷的吸附是专性吸附,对高浓度砷的吸附除专性吸附外还有非专性吸附,专性吸附砷不易被解吸,非专性吸附砷易被解吸,因此当沉积物受高浓度砷污染时,对地下水环境的危害性加大。通过对砷最大吸附量与沉积物基本理化性质之间的相关性分析知,沉积物对砷的吸附性能受沉积物颗粒大小、矿物成分以及总砷等综合作用的影响,而非各组分吸附砷的简单加和。各种理化性质(pH、温度、共存阴离子等)对沉积物吸附 As 有较大影响。As(Ⅲ)吸附最佳 pH 在 7～8 范围内,As(Ⅴ)吸附最佳 pH 为 5～6,增加或降低 pH,均不利于砷的吸附,其作用机制是静电吸附、表面沉淀,故可通过调节含水层 pH 来修复高砷地下水。温度对砷在含水层介质中的吸附作用影响并不明显。PO_4^{3-} 对 As 在沉积物表面上的吸附具有明显的抑制作用。沉积物中存在专门针对 As 的吸附位点,当 P 先加入时,会占据大多数吸附位点,沉积物中有限的吸附位点成为抑制 As 吸附的关键因素。

(4)$FeCl_3$ 对水体中 As 作用的最佳比例为 Fe/As = 20～30。最佳 pH 为 6～8,不同浓度的阴离子的加入对于 Fe 固砷的效果有一定的影响,其中以 PO_4^{3-} 的竞争作用最为显著。厌氧微生物存在条件下,各个水样中 As(Ⅴ)和 Fe(Ⅲ)都呈现较高的还原转化率,且二者随时间变化的规律都表现出了一定的相似性,证实了砷的释放与铁的还原溶解有关。室内及野外现场试验均证明,单纯的曝气行为对水体中砷的价态改变并不明显,只有当 Fe(Ⅱ)与 O_2 共存时才能有效改变砷的存在形态且发生吸附共沉淀作用使水体中 As 浓度降低下来。通过对 IOCS 的 SEM 表征不难看出,Fe 能够有效固定于砂质颗粒的表面,且高浓度 Fe 制备的覆铁砂对砷的固化效果更为显著。试验结果表明:IOCS 对 As(Ⅲ)的去除率大于 As(Ⅴ)。去除率和固液分配系数都随着 Fe 浓度的增加而增加。准二级反应动力学模型能更好地描述 As 在覆铁砂表面的吸附过程。拟合结果与试验结果接近。吸附模型的拟合和优劣顺序依次为准二级模型 > Freundlich 修正方程 > Elovich 模型 > 粒内扩散模型。等温吸附试验结果则表明:Freundlich 的拟合效果较好。不同浓度的覆铁砂对 As(Ⅲ)、As(Ⅴ)的吸附容量均随着反应温度的升高而升高。其中,温度对 As(Ⅲ)的吸附效果影响相对 As(Ⅴ)更为显著。不同浓度覆铁砂在不同 pH 条件下吸附去除 As(Ⅲ)、As(Ⅴ)的效果明显好于未经处理的砂质介质,但都呈现吸附量随 pH 的升高而略微下降的变化趋势。

(5)铁盐在四种沉积物中的吸附符合 Langmuir 等温吸附模型,且四种介质对铁离子的吸附能力由强到弱顺序为黏土、亚黏土、细砂、中砂,最大吸附浓度分别为 666.67 mg/g、1 040.04 mg/g、1 937.98 mg/g、2 016.94 mg/g。铁离子的总吸附量为 0.419 5 mol,相当于砂土的铁离子吸附浓度为 0.364 8 mol/kg;铁盐在砂质颗粒中的迁移速度相对较慢,大约为地下水流速的 0.21%,即当地下水迁移 1 000 m 时,铁只迁移了 2.1 m。平衡时,水中铁离子浓度为 3.929 mmol/L,据此算得 K_d = 92.8 L/kg。在整个迁移过程中会发生价态的变化,这主要与 Fe 自身的性质和所处环境的氧化还原环境有密切的关系。此外,铁盐在砂质颗粒表面发生一定的沉积效应,经计算我们可知,10 mg/L 的 Fe 连续输入 30 d 的情况下,可在 2 mm 粒径的砂质含水层介质中累积达到 2.469 g 的沉积量,沉积率为 50.01%,平均沉积速率为 0.015 g/PV,由此可以看出铁盐在含水介质中的迁移过程,除对流—弥散作用外,沉积作用非常明显。

(6)砷在含水层中的迁移过程受到含水层介质的影响,且 As(Ⅲ)的迁移速率存在一定的差异性,一般而言,As(Ⅴ)在砂柱中的迁移速度略小于 As(Ⅲ)。在 2 mm 砂质颗粒介质中 As(Ⅲ)和 As(Ⅴ)的迁移速率分别为在地下水流速的 1.08% 和 0.91%,也就是说,当地下水迁移 1 000 m 时,As(Ⅲ)和 As(Ⅴ)分别迁移 10.8 m 和 9.1 m。As 在由钻孔取样所得的含水层细砂填充柱内的迁移速率小于 2 mm 粒径装填的模拟试验柱,这主要是由粒径大小和填充介质颗粒物的差异性造成的。

(7)室内试验表明:单纯的曝气虽然使得出水溶解氧含量大幅增加,但对砷的氧化效果并不明显。低氧到高氧环境的转变仅使得 As(Ⅴ)/As(T)的值由 21.4% 增加至27.2%。在研究区进行的模拟无氧条件下向流动相的含砷地下含水层中连续输入Fe(Ⅱ)时,溶液中的砷含量相比进水溶液浓度略有降低,出水溶液中以 Fe(Ⅱ)和As(Ⅲ)为主。

(8)研究区现场进行的为期一月的黑箱试验则进一步验证了铁盐对实际地下水中砷具有良好的固化作用。密封处理的试验砂柱始终保持低溶解氧的状态,O_2 在砂柱内的迁移速率为 0.4 ~ 0.5 mg/(L·cm)。在加入了 Fe(Ⅱ)的试验砂柱内,出水溶液的 pH 略有降低,这主要是由 Fe 在水体中发生了水解反应造成的。在 Fe(Ⅱ)-O_2 共存条件下的砂柱内砷含量经历了先增后减的过程。在试验进行的前一周内,出水内铁和砷的含量都保持在较低水平,这说明在 O_2 的协同作用下,柱内发生了铁盐对砷的固定行为,然而由于铁的迁移速率小于砷,因而造成进入砂柱内的铁逐渐被消耗,出水中砷含量逐渐增加。随着反应的继续进行,柱内的 Fe 不断得到补充,出水中的砷含量持续走低。据此我们可以算得,在 30 d 持续输入 Fe 的有氧条件下,砂柱内残留的 Fe 总量累积达到 283.65 mg,此时被固定于砂柱内的总砷含量达到 25 075 μg,固化能力达到 88.40 μg/mg。以实验室 2 mm含 Fe 砂柱对砷的固化为例,可以对 Fe 固砷的相关行为予以量化。根据相关公式可得 Fe(Ⅲ)对 As(Ⅲ)、As(Ⅴ)的固化速率分别为 1.09×10^{-3} cm/h 和 7.38×10^{-4} cm/h,固砷带厚度分别为 0.722 cm 和 0.669 cm,砷的动态固定量分别为 q_e = 1.707 8 mg/g、2.524 mg/g。

7.4　高砷地下水原位处理技术发展趋势

本书主要研究了增加含水层铁盐及氧含量对地下水中砷的固定效果,虽然通过系列试验得到了部分相关的理论参数,但在原位处理高砷地下水的研究中仍有很多问题值得被探讨。

(1)人工改善地下水还原环境主要是通过增加含水层氧含量及铁盐来予以实现的。但含水层介质中氧气的增加一方面容易造成孔隙的堵塞,干扰地下水的流动,另一方面则容易引起地下水中有机质与硫化物的反应造成二次污染,因此需要进一步开展相关控制注入氧气的含量、有效时间及注入压力的综合性科学试验。

(2)在高砷地下水地球化学循环中,微生物的作用至关重要。在通过改变氧化还原环境固定地下水中的砷时,需要考虑条件改变对微生物活动的影响以及地下水中其他组分的相关变化。

(3)试验所得的相关参数仅仅是在特定含水层介质中所得,对于其他水文地质条件下并不一定适用。因此,还需要系列试验来确定不同条件下氧气和铁盐的注入方式、压力、流速、流量、深度和面积等,筛选和确定注入设备和注入井的构造。

(4)试验数据与计算机模型的结合已经成为目前科学问题研究的主要方法。因此,有必要根据室内物理与化学模拟和计算机模拟技术相结合来分析识别砷在不同介质和结构的含水层中的一般迁移转化机制,包括氧化与还原、吸附与解析、溶解与沉淀等主要物理、化学过程,强化转化过程的动力学研究以及计算机模拟。并根据模拟结果,改进相关地下水溶质运移模型,产生专项针对砷的转化与迁移模块,用于计算机模拟。

(5)本研究得出铁盐固砷技术是一项具有应用前景的环境修复技术,但将该技术广泛应用于现场修复,还需要进一步进行科学性的可行性分析研究。主要包括研究区的场地分析,污染物的浓度分布,微生物活动。最好能够选择试验场地,在较小的影响范围内(影响半径为 50 m 内)进行相关中试试验。选择地下水流动相对滞缓的已有井孔处进行混合注入试验,以期获取最佳参数,验证实际效果。并通过室内试验和中试试验,对各项技术、工艺进行优选、组合及方案论证,最终拟定合理的原位修复技术和工艺。

参 考 文 献

[1] 沈雁峰,孙殿军,赵新华,等.中国饮水型地方性砷中毒病区和高砷区水砷筛查报告[J].中国地方病学杂志,2005,24(2):172-175.

[2] 赵素莲,王玲芬,梁京辉.饮用水中砷的危害及除砷措施[J].现代预防医学,2002,29(5):651-652.

[3] Harvey CF,Swartz CH,Badruzzaman ABM,et al. Groundwater arsenic contamination on the Ganges Delta: biogeochemistry,hydrology, human perturbations and human suffering on a large scale [J]. Comptes Rendus Geoscience,2005,337:285-296.

[4] Chakraborty S,Wolthers M,Chatterjee D,et al. Adsorption of arsenite and arsenate onto muscovite and biotite mica[J]. Journal of Colloid and Interface Science, 2007,309(2):392-401.

[5] Goldberg S,Johnston CT. Mechanisms of arsenic and adsorption on amorphous oxides evaluated using macroscopic measurements, vibrational spectroscopy, and surface complexation modeling[J]. Journal of Colloid and Interface Science,2001,234(1):204-216.

[6] Fendorf S, Eick M J, Grossl P, et al. Arsenate and chromate retention mechanisms on goethite. Surface structure [J]. Environmental science & technology, 1997, 31(2): 315-320.

[7] Waychunas G, Rea B, Fuller C, et al. Surface chemistry of ferrihydrite: Part 1. EXAFS studies of the geometry of coprecipitated and adsorbed arsenate [J]. Geochimica et Cosmochimica Acta, 1993, 57 (10): 2251-2269.

[8] Van Geen A,Jerome Rose, Thoral S,et al. Decoupling of As and Fe release to Bangladesh groundwater under reducing conditions. Part 1: Evidence from sediment profiles[J]. Geochemica et Cosmochemica Acta, 2004, 68(17): 3459-3473.

[9] Foster A L,Breit G N, Weleh A H,et al. In-situ identification of arsenic species in soil and aquifer sediment from Ramrail, Brahmanbaria, Bangladesh[J]. Eos Trans. Am. Geophy. Union, 2000, 81 (48): 523.

[10] Das D, Chatterjee A, Samanta G, et al. Arsenic contamination in groundwater in six districts of West Bengal,India: the biggest arsenic calamity in the world[J]. Analyst,1994,119(12):168-170.

[11] Anawar H M, Akai J, Sakugawa H. Mobilization of arsenic from subsurface sediments by effect of bicarbonate ions in groundwater[J]. Chemosphere,2004,54(6):753-762.

[12] Oremland R S, Newman D K, Kail B W,et al. Bacterial respiration of arsenate and its significance in the environment[J]. Environmental Chemistry of Arsenic,2002:273-295.

[13] Matisoff G, Khourey C J, Hall J F, et al. The nature and source of arsenic in Northeastern ohio groundwater[J]. Ground Water, 1982, 20(4):446-456.

[14] Islam F S,Gault A G, Boothman C, et al. Role of metal-reducing bacteria in arsenic release from Bengal delta sediments[J]. Nature, 2004, 430: 68-71.

[15] Mcarthur J M,Banerjee D M,Hudsonedwards K A,et al. Natural organic matter in sedimentary basins and its relation to arsenic in anoxic groundwater: the example of West Bengal and its worldwide implications [J]. Applied Geochemistry, 2004, 19(8): 1255-1293.

[16] Chauhan V S, Nickson R T, Chauhan D, et al. Groundwater geochemistry of Ballia district, Uttar

Pradesh, India and mechanism of arsenic release[J]. Chemosphere, 2009,75(1):83-91.

[17] 丁爱中,杨双喜,张宏达.地下水砷污染分析[J].吉林大学学报(地球科学版),2007,37(2):319-325.

[18] Zhuang J L. Worldwide underground water pollution by arsenic [J]. Mineral Resources and Geology, 2003, 17(2):177-178.

[19] Zengs S H. The formation of as elements in groundwater and the controlling factor [J]. Acta Geologica Sinica, 1996, 70 (3):262-269.

[20] Ladeira A C Q, Ciminelli V S T. Adsorption and desorption of arsenic on an oxisol and its constituents [J]. Water research, 2004, 38(8): 2087-2094.

[21] Manning B A, Goldberg S. Adsorption and stability of arsenic (Ⅲ) at the clay mineral-water interface [J]. Environmental Science & Technology,1997, 31(7): 2005-2011.

[22] Lin Z, Puls R W. Adsorption, desorption and oxidation of arsenic affected by clay minerals and aging process [J]. Environmental Geology, 2000, 39(7):753 -759.

[23] Waltham C A, Matthew J Eick. Kinetics of arsenic adsorption on goethite in the presence of sorbed silicic acid [J]. Soil Science Society of America Journal, 2002, 66(3): 818-825.

[24] Anawar H M, Akai J, Komaki K, et al. Geochemical occurrence of arsenic in groundwater of Bangladesh: sources and mobilization processes[J]. Jounral of Geochemical Exploration,2003,77(2):109-131.

[25] 王焰新, 郭华明, 阎世龙.浅层孔隙地下水系统环境演化及污染敏感性研究[M].北京:科学出版社, 2004.

[26] 汤洁,林年丰,卞建民,等.内蒙河套平原砷中毒病区砷的环境地球化学研究[J].水文地质工程地质,1996(1):49-54.

[27] 王敬华.山西大同盆地砷、氟中毒及区域环境地球化学研究[D].武汉:中国地质大学,1998.

[28] Grafe M, Matthew J Eick,Grossl P R. Adsorption of arsenate (Ⅴ) and arsenite (Ⅲ) on goethite in the presence and absence of dissolved organic carbon [J]. Soil Science Society of America Journal, 2001, 65(6): 1680-1687.

[29] Lei L,ZHANG S, SHAN X Q, et al. Effects of oxalate and humic acid on arsenate sorption by and desorption from a Chinese red soil [J]. Water Air and Soil Pollution, 2006, 176(1):269-283.

[30] Saada A, Breeze D, Crouzet C, et al. Adsorption of arsenic (Ⅴ) on kaolinite and on kaolinite-humic acid complexes: Role of humic acid nitrogen groups [J]. Chemosphere, 2003, 51(8): 757-763.

[31] Gustafsson J P. Arsenate adsorption to soils: Modelling the competition from humic substances [J]. Geoderma, 2006, 136(1-2): 320-330.

[32] 杨洁,顾海红,赵浩,等.含砷废水处理技术研究进展[J].工业水处理,2003, 23(6):14-18.

[33] 袁涛,曾欣,罗启芳.对混凝沉淀法分散式饮水除砷的研究[J].卫生研究,1999,28(6):331-333.

[34] Pettine M. Arsenic oxidation by H_2O_2 in aqueous solutions[J]. Geochimica et Cosmochimica Acta, 1999, 63(18):2727-2735.

[35] Chwrika J D, Tompson B M, Stomp J M. Removing arsenic from groundwater[J]. Journal-American Water Works Association,2000,92(3):79-86.

[36] 胡天觉.选择性高分子离子交换树脂处理含砷废水[J].湖南大学学报,1998,25(6):75-80.

[37] 李菁.膜分离技术在治理含砷废水中的应用研究[J].化工时刊,1999(4):17-19.

[38] Deng S,Ting Y P. Removal of As(Ⅴ) and As(Ⅲ) from water with a PEI-modified fungal biomass[J]. Water Science & Technology,2007,55(1-2):177-185.

[39] 李顺兴,郑凤英,韩爱琴.超富集植物蜈蚣草对水中 As(Ⅲ)吸附行为研究[J].分析科学学报,

2006,22(4):401-405.

[40] Katsoyiannis I A, Zouboulis A. Application of biological process for the removal of arsenic from groundwater [J]. Water Research, 2004,38(1):17-26.

[41] Anderson G, Williams J, Hiller R. The purification and characterization of arsenite oxidase from Alcaligenes faecilis, a molybdenum-containing hydroxylase[J]. Journal of Biological Chemistry,1992, 267(33):674-682.

[42] Hsiao-wen Chen, Michelle M, Dennis Clifford, et al. Arsenic treatment considerations[J]. Journal-American Water Works Association,1999,91(3): 74-85.

[43] Raven K P, Jain A, Loeppert R H. Arsenite and arsenate adsorption on ferrihydrite: kinetics, equilibrium, and adsorption envelopes [J]. Environmental Science & Technology, 1998, 32(3): 344-349.

[44] Vaishya R C, Gupta S K. Introductory Remarks-Arsenic(V) Removal by Sulfate Modified Iron Oxide-Coated Sand (SMIOCS) in a Fixed Bed Column[J]. Water Quality Research Journal of Canada,2006, 41:157-164.

[45] 吴萍萍,曾希柏.人工合成铁、铝矿对 As(V)吸附的研究[J].中国环境科学,2011,31(4):603-610.

[46] 王雪莲,廖立兵,姜浩,等.砷酸根及铬酸根在低聚合羟基铁—蒙脱石复合体表面的竞争吸附[J]. 北京科技大学学报, 2003, 25(6): 495-500.

[47] Maeda S, Ohki A,Saikoji S,et al. Iron(Ⅲ) hydroxide-loaded coral limestone as an adsorbent for arsenic (Ⅲ) and arsenic(V). Separation Science and Technology,1992,27(5):681-689.

[48] 常钢,江祖成,彭天石,等.溶胶－凝胶法制备高比表面积的纳米氧化铝及其对过渡金属离子吸附行为的研究[J].化学学报,2003,61(1):100-103.

[49] Olivier X Leupin, Stephan J Hug. Oxidation and removal of arsenic(Ⅲ) from aerated groundwater by filtration through sand and zero valent iron[J]. Water Research,2005,39(9):1729-1740.

[50] Hsing-Lung Lien, Richard T Wilkin. High-level arsenite removal from groundwater by zero-valent iron [J]. Chemosphere, 2005, 59 (3): 377-386.

[51] 黄国强,李凌,李鑫钢,等.土壤污染的原位修复[J].环境科学动态,2000(3):25-27.

[52] 时文歆,邱晓霞,于水利,等.重金属污染土壤和地下水的动电修复技术[J].哈尔滨商业大学学报,2003, 19(6):670-673.

[53] 崔英杰,杨世迎,王萍,等.Fenton 原位化学氧化法修复有机污染土壤和地下水研究[J].化学进展, 2008, 20(7):1196-1201.

[54] 纪录,张晖.原位化学氧化法在土壤和地下水修复中的研究进展[J].环境污染治理技术与设备,2003,4(6):37-42.

[55] 张玉,韦鹏,张晟南,等.地下水水环境污染特征及其生物修复技术[J].国土资源, 2008(21):93-95.

[56] Richard T Wilkin, Steven D Acree, Randall R Ross, et al. Performance of a zerovalent iron reactive barrier for the treatment of arsenic in groundwater: part1. hydrogeochemical studies [J]. Journal of Contaminant Hydrology,2009,106(1-2):1-14.

[57] Manning B A, Goldber S. Modeling competitive adsorption of arsenate with phosphate and molybdate on oxide minerals [J]. Soil Science Society of America Journal, 1996, 60(1): 121-131.

[58] Rhine E D, Onesios K M, Serfes M E,et al. Arsenic transformation and mobilization from minerals by the arsenite oxidizing strain WAO[J]. Environmental Science & Technology,2008,42(5), 1423-1429.

[59] 苏春利, Win hlaing, 王焰新, 等. 大同盆地砷中毒病区沉积物中砷的吸附行为和影响因素分析 [J]. 地质科技情报, 2009, 28(3): 120-126.

[60] 苏春利, 王焰新. 大同盆地孔隙地下水化学场的分带规律性研究[J]. 水文地质工程地质, 2008, 35 (1): 83-89.

[61] 赵伦山, 武胜, 周继华, 等. 大同盆地砷、氟中毒地方病生态地球化学研究[J]. 地学前缘, 2007, 14 (2): 225-235.

[62] 王焰新, 郭华明, 阎世龙, 等. 浅层孔隙地下水系统环境演化及污染敏感性研究——以山西大同盆 地为例[M]. 北京: 科学出版社, 2004.

[63] 苏宗正, 安卫平, 刘巍, 等. 大同断陷盆地及其大震危险性[J]. 山西地震, 1994(004): 21-32.

[64] 王乃樑. 山西地堑系新生代沉积与构造地貌[M]. 北京: 科学出版社, 1996.

[65] 谢先军. 大同盆地浅层地下水环境中砷的来源与迁移转化规律研究[D]. 北京: 中国地质大学, 2008.

[66] 孙贵范. 饮水型砷中毒发病机制研究进展 [J]. 医学研究杂志, 2007, 36(008): 2-4.

[67] 王敬华, 赵伦山, 吴悦斌. 山西山阴、应县一带砷中毒区砷的环境地球化学研究[J]. 现代地质, 1998, 12(2): 243-248.

[68] 裴捍华, 梁树雄, 宁联元. 大同盆地地下水中砷的富集规律及成因探讨[J]. 水文地质工程地质, 2005, 4(4): 65-69.

[69] Fendorf S, Eick M J, Grossl P, et al. Arsenate and chromate retention mechanisms on goethite. 1. Surface structure[J]. Environmental Science & Technology, 1997, 31(2): 315-320.

[70] Smedley P L, Kinniburgh D G A review of the source, behaviour and distribution of arsenic in natural waters[J]. Applied Geochemistry, 2002, 17(5): 517-568.

[71] 王华东, 郝春曦, 王建. 环境中的砷—行为　影响　控制[M]. 北京: 中国环境科学出版社, 1992.

[72] 郭华明, 杨素珍, 沈照理. 富砷地下水研究进展[J]. 地球科学进展, 2007, 22(11): 1109-1117.

[73] Rong S, Yangfeng J, Chenzhi W. Competitive and cooperativeadsorption of arsenate and citrate on goethite [J]. Journal of Environmental Sciences, 2009, 21(1): 106-112.

[74] Bockelen A, Niessne R Removal of arsenic in mineral water[J]. Vom Wasser, 1992, 78: 225-235.

[75] Wang R F, Wang Y X, Guo H M. Hydrogeochemical of shallow groundwaters from the northern part of the Datong basin, China. Proceedings of the 9th International Symposium on Water-Rock Interaction[J]. Balkema, 2001: 605-608.

[76] Lin Z, Puls R W Adsorption, desorption and oxidation of arsenic affected by clay minerals and aging process[J]. Environmental Geology, 2000, 39(7): 753-759.

[77] Vink B W. Stability relations of antimony and arsenic compounds in the light of revised and extended Eh-pH diagrams [J]. Chemical Geology, 1996, 130(1-2): 21-30.

[78] Quaghebeur M, Rate A W, Rengel Z, et al. Heavy metals in the environment desorption kinetics of arsenate from kaolinite as influenced by pH [J]. Journal of Environmental Quality, 2005, 34(2): 479-486.

[79] Amirbahman A, Kent D B, Curtis G P, et al. Kinetics of sorption and abiotic oxidation of arsenic(Ⅲ) by aquifer materials[J]. Geochimica et Cosmochimica Acta, 2006, 70(3): 533-547.

[80] Smedley P L, Kinniburgh D G. A review of the source, behaviour and distribution of arsenic in natural waters [J]. Applied Geochemistry, 2002, 17(5): 517-568.

[81] Goh K H, Lim T. Geochemistry of inorganic arsenic and selenium in a tropical soil: effect of reaction time, pH, and competitive anions on arsenic and selenium adsorption [J]. Chemosphere, 2004, 55(6):

849-859.

[82] 雷梅,陈同斌,范稚连,等.磷对土壤中砷吸附的影响[J].应用生态学报,2003,14(11):1989-1992.

[83] Ding M,B H W S. DE Jong, Roosendaal S J,et al. XPS studies on the electronic structure of bonding between solid and solutes:Adsorption of arsenate, chromate, phosphate, Pb^{2+}, and Zn^{2+} ions on amorphous black ferric oxyhydroxide[J]. Geochimica et Cosmochimica Acta,2000,64(7):1209-1219.

[84] Su C L, Wang Y X, Liu H Q, et al. Concentration and speciation of arsenic in shallow groundwater of Datong basin, North China[J]. Journal of China University of Geosciences, 2007,18(6):89-92.

[85] Wilke M, Farges F, Petit P E,et al. Oxidation state and coordination of Fe in minerals: an Fe KXANES spectroscopic study[J]. Am. Mineral. 86, 2001:714-730.

[86] ZENG Zhao hua. The Background Features and Formation of Chemical Elements of Groundwater in the Region of the Middle and Lower Reaches of the Yagntze River [J]. Acta Geologica Sinica, 1997, 71 (1):80-89.

[87] Fesch C, Simon W, Haderlein S B,et al. Nonlinear sorption and nonequilibrium solute transport in aggregated porous media: experiments, process identification and modeling[J]. Journal of Contaminant Hydrology,1998,31(3-4): 373-407.

[88] Duan J M, Gregory J. Coagulation by hydrolysing metal salts [J]. Advances in Colloid and Interface Science,2003,100(0):475-502.

[89] D K Nordstrom,George A Parks. Solubility and stability of scorodite, $FeAsO_4 \cdot 2H_2O$: discussion[J]. America Mineralogist, 1987,72(2):849-851.

[90] 郭翠梨,张凤仙,杨新宇.石灰–聚合硫酸铁法处理含砷废水的试验研究[J].工业水处理,2000 (9):27-29.

[91] 向雪松,柴立园,闵小波.砷碱渣浸出液铁盐沉砷过程研究[J].中国锰业,2006(1):30-33.

[92] Chen Y L, Chai L Y. Migration and transformation of arsenic in Groundwater [J]. Nonferrous Metals, 2008,60(1): 109-112.

[93] Islam F S, Gault A G , Boothman C, et al. Role of metal-reducing bacteria in arsenic release from Bengal delta sediments [J]. Nature , 2004, 430(6995):68-71.

[94] Stüben D, Berner Z, Chandrasekharam D, et al. Arsenic enrichment in groundwater of West Bengal, India: geochemical evidence for mobilization of as under reducing conditions [J]. Applied Geochemistry, 2003,18(9):1417-1434.

[95] 郭华明,陈思,任燕.反硝化菌的耐砷驯化及其对水铁矿吸附态砷迁移转化的影响[J].地学前缘, 2008,15(5),317-323.

[96] Roden Eric E, Zachara J M. Microbial reduction of crystalline iron (Ⅲ) oxides: influence of oxide surface area and potential for cell growth [J]. Environmental Science & Technology, 1996,30 (5): 1618-1628.

[97] Raven KP, Jain A, Loeppert R H. Arsenite and arsenate adsorption on ferrihydrite: kinetics, equilibrium, and adsorption envelopes [J]. Environmental Science & Technology,1998, 32(3):344-349.

[98] Kim M J,Nriagu J. Oxidation of arsenite in groundwater using ozone and oxygen[J]. Science of The Total Environment, 2000,247(1):71-79.

[99] Clifford D, Ceber L, Chow S. Arsenic (Ⅲ)/Arsenic (Ⅴ) Separation by Chloride-form Iron Exchange Resins[C] . Norfolk, VA: Ⅺ. AWWA Water Qual Tech Conf,1983.

[100] Roberts L C, Hug S J, Ruettimann T, et al. Arsenic removal with iron（Ⅱ）and iron（Ⅲ）in waters with high silicate and phosphate concentrations［J］. Environmental Science & Technology, 2004, 38（1）: 307-315.

[101] Khemarath O. Multimetal equilibrium sorption and transport modeling for copper, chromium, and arsenic in an iron oxide coated sand, synthetic groundwater system［D］. Oregon State: Oregon State University, 2001.

[102] 黄自力, 胡岳华, 徐兢. 氧化铁对石英砂表面改性的研究[J]. 应用化工, 2003, 32(4): 23-26.

[103] Manning B A, Goldberg S. Adsorption and stability of arsenic（Ⅲ）at the clay mineral-water interface ［J］. Environmental Science & Technology, 1997, 31（7）:2005-2011.

[104] 姜永清. 土壤吸附砷酸盐动力学的初步研究[J]. 土壤学报, 1985, 22(1): 76-80.

[105] L Axe, P Trivedi. Intraparticle surface diffusion of metal contaminants and their attenuation in microporous amorphous Al, Fe, and Mn oxides[J]. Journal of Colloid and Interface Science, 2002, 247 （2）:259-265.

[106] Kundu S, Gupta A K. Adsorptive removal of As（Ⅲ）from aqueous solution using iron oxide coated cement（IOCC）: evaluation of kinetic, equilibrium and thermodynamic models［J］. Separation and Purification Technology, 2006, 51（2）:165-172.

[107] Baciocchi R, Chiavola A, Gavasci R. Ion exchange equilibria of arsenic in the presence of high sulphate and nitrate concentrations[J]. Water Science & Technology: Water Supply, 2005, 5(5): 67-74.

[108] S Goldberg, C T Johnston. Mechanisms of arsenic adsorption on amorphous oxides evaluated using macroscopic measurements, vibrational spectroscopy, and surface complexation modeling[J]. Journal of Colloid and Interface Science, 2001, 234(1): 204-216.

[109] Cheng Z, Van Geen A, Louis R, et al. Removal of Methylated Arsenic in Groundwater with Iron Filings ［J］. Environmental Science & Technology, 2005, 39(19): 7662-7666.

[110] Yang L, Shahrivari Z, Liu P K T, et al. Removal of Trace Levels of Arsenic and Selenium from Aqueous Solutions by Calcined and Uncalcined Layered Double Hydroxides（LDH）[J]. Industrial & Engineering Chemistry Research, 2005, 44(17): 6804-6815.

[111] Daus B, Wennrich R, Weiss H. Sorption materials for arsenic removal from water: a comparative study ［J］. Water Research, 2004, 38(12): 2948-2954.

[112] Jia Y F, Demopoulos G P. Adsorption of arsenate onto ferrihydrite from aqueous solution: influence of media（sulfate vs nitrate）, added gypsum, and pH alteration［J］. Environmental Science & Technology, 2005, 39(24), 9523-9527.

[113] 李昌静, 卫钟鼎. 地下水水质及其污染[M]. 北京: 中国建筑工业出版社, 1983.

[114] Jeong Y R, Fan M H, Van Leeuwen J, et al. Effect of competing solutes on arsenic（Ⅴ）adsorption using iron and aluminum oxides[J]. Journal of Environmental Sciences, 2007, 19(8): 910-919.

[115] Makris K C, Harris W G, Oconnor G A, et al. Physicochemical properties related to long-term phosphorus retention by drinking-water treatment residuals[J]. Environmental Science & Technology, 2005, 39(11), 4280-4289.